ÉTUDE

SUR LES

MINES MILITAIRES

TYPOGRAPHIE DE M. WEISSENBRUCH
IMPRIMEUR DU ROI
RUE DU MUSÉE, 11, A BRUXELLES

ÉTUDE

SUR LES

MINES MILITAIRES

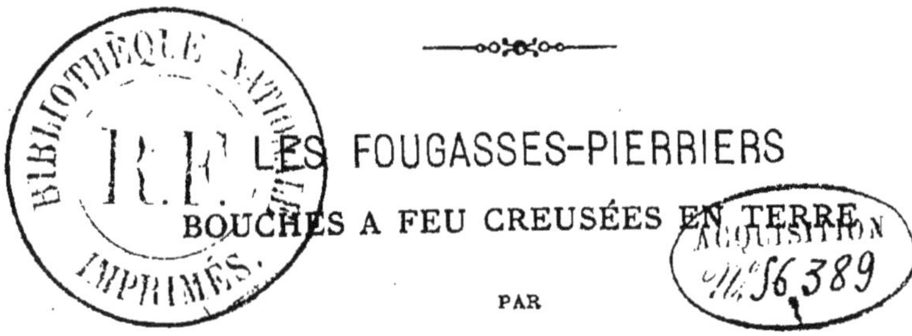

LES FOUGASSES-PIERRIERS

BOUCHES A FEU CREUSÉES EN TERRE

PAR

E. N. BRALION

MAJOR DU GÉNIE

AVEC 8 PLANCHES

BRUXELLES
C. MUQUARDT, ÉDITEUR
HENRY MERZBACH, SUCC^r, LIBRAIRE DE LA COUR
PARIS, J. DUMAINE
30, RUE ET PASSAGE DAUPHINE

1872

INTRODUCTION.

L'étude sur les fougasses-pierriers que nous offrons à l'attention du lecteur militaire et du praticien, ne sera pas sans doute dépourvue d'intérêt pour eux, si nous en jugeons par les témoignages dont elle a été l'objet lorsqu'elle était à peine ébauchée.

Pendant l'hiver 1859-1860 nous avions été chargé de donner une conférence sur le moyen de défense précité, à la suite d'expériences y relatives que nous avions faites de 1856 à 1859, et qui avaient produit des résultats en harmonie avec nos prévisions. Le travail que nous avions fait à cette occasion, fut bien accueilli, et les officiers qui assistaient à la conférence, nous témoignèrent le désir de le voir publier. Ce bienveillant encouragement nous fit prendre la résolution de livrer notre étude à la publicité, mais seulement après l'avoir revue avec soin. Malheureusement la direction des travaux de construction du fort n° 5 du camp retranché sous Anvers qui nous fut confiée presque immédiatement après, absorba tout notre temps pendant plusieurs années, et fut suivie d'autres services qui nous mirent pendant longtemps encore dans le même cas. Ayant enfin disposé de quelque loisir, nous avons pu revoir notre travail, le mieux coordonner, y ajouter des données importantes, et en vérifier de nouveau les points principaux grâce aux bienveillantes facilités que M. le général Schollaert voulut bien nous donner à ce sujet, lorsqu'il était commandant du régiment du Génie, et pour lesquelles nous sommes heureux de pouvoir lui renouveler ici l'expression de notre vive gratitude.

Une *fougasse-pierrier* est une espèce de bouche à feu creusée dans la terre, ou plutôt une espèce de mine de projection. Elle se compose d'une excavation en forme d'entonnoir dont l'axe est plus ou moins incliné à l'horizon, d'une *boîte* remplie de poudre placée au fond de l'excavation, d'un fort plateau en bois mis contre la charge d'équerre sur l'axe de l'entonnoir, et des projectiles à lancer tels que moëllons, briques, morceaux de bois, etc., dont on remplit l'excavation par-dessus le plateau.

Les fougasses-pierriers peuvent être employées avec grand avantage en beaucoup d'occasions, notamment pour le flanquement et la défense des saillants des ouvrages de campagne, pour la défense des défilés tels que ponts, brèches, gorges, par où des troupes doivent passer forcément, pour celle des parties de glacis occupées par des assiégeants, pour celle des flèches et des ouvrage de contre-approche ; elles ont donc assez d'utilité pour mériter de fixer la sérieuse attention de l'homme de guerre.

Pour pouvoir en faire un usage avantageux, on doit en bien connaître les parties constitutives, et employer ces dernières d'après diverses règles que nous indiquerons, et sans l'application desquelles on ne peut rien en attendre d'utile.

C'est à l'ignorance de ces règles, ou au peu de soin apporté dans leur application, que sont dûs les mécomptes fréquents de ceux qui font des expériences sur les fougasses-pierriers, et qui sont par suite portés, mais bien à tort, à les regarder comme une arme fort capricieuse.

Les fougasses-pierriers sont de véritables fourneaux de mine, et comme telles exigent, pour leur réussite, des précautions aussi minutieuses que ces derniers.

Nous allons les examiner au point de vue

de leur origine, de leurs formes, de leur exécution, de leur chargement, et de la détermination de leurs charges. Nous aurons beaucoup d'additions et de modifications à faire aux données en usage, qui sont fort incomplètes, peu concordantes et parfois même contradictoires. Nous tâcherons surtout de rendre méthodiques celles qu'il convient d'adopter, afin d'en faciliter l'application. Nous traiterons en particulier la question des charges; nous ferons voir que la formule en usage ne répond nullement aux besoins de cette question ; et nous indiquerons pour la remplacer, en en faisant connaître les bases, une formule que nous avons imaginée en 1857, et qui semble répondre aux exigences de la pratique dans des limites très satisfaisantes, à en juger par les résultats d'expériences nombreuses pour lesquelles elle avait été mise à contribution.

L'établissement des fougasses-pierriers est du ressort des officiers et des troupes du Génie; mais comme elles peuvent être employées fort utilement en beaucoup de circonstances, nous donnerons, dans cet opuscule, toutes les indications nécessaires pour en rendre l'application facile à tout le monde.

ÉTUDE

SUR LES

FOUGASSES-PIERRIERS.

De l'origine des fougasses-pierriers.

Beaucoup d'auteurs, notamment MM. le général Picot, le commandant Boutault, le capitaine Villeneuve, attribuent l'invention des fougasses-pierriers à M. le général baron de Fleury, et y donnent ainsi une origine toute française et assez récente. Cependant les fougasses-pierriers ont pris naissance dans le Nord de l'Europe, datent de plus de deux siècles et ne sont pas restées sans faire quelque bruit dans le monde depuis l'époque de leur invention.

C'est aux Suédois que semble appartenir l'honneur de cette dernière ; ils sont regardés comme les premiers qui aient fait usage d'une bouche à feu creusée dans le sol pour lancer des pierres, et ce fut au siége de Kostnitz en 1633.

Vingt-six ans plus tard, le colonel Getkant, continuant l'application de leur idée, construisit devant Thorn deux fougasses dont l'une reçut un chargement de 800 livres de pierres.

Cette invention prit dès lors un rapide essor, puisqu'en 1669, le lieutenant Braun, de l'artillerie Brandebourgeoise, fit, sur l'île Diu, en présence du Sénat de Venise, l'épreuve de deux fougasses à pierres ou à grenades, avec lesquelles il projeta jusqu'à dix-neuf quintaux de ces projectiles.

A cette époque on n'avait jamais vu cette espèce de bouche à feu en Italie, et les Vénitiens n'osèrent en faire usage à la défense de Candie, de crainte de la révéler aux Turcs qui assiégeaient alors cette place. Cette crainte est un témoignage du succès du lieutenant Braun et de l'importance sous laquelle les fougasses-pierriers apparaissaient déjà.

Au commencement du dix-huitième siècle, la construction en était assez connue pour être d'une facile application. Le tir en était même réglé, car elles recevaient deux et demie à trois onces de poudre par livre de projectiles, pour une portée de mille pas.

Elles semblent avoir été négligées depuis pendant un espace de temps assez long pour faire tomber en oubli la manière de s'en servir, car en 1805 Humbold, en Prusse, essaya sans succès une fougasse à cailloux, et par suite ne répéta pas son expérience. La fougasse qu'il fit jouer, et qu'il avait chargée de vingt-cinq livres de poudre et de deux mille livres de pierres à projeter, produisit son effet en arrière. Il en avait évidemment fait l'excavation trop peu profonde pour avoir la ligne de moindre résistance du côté des projectiles, et pour obtenir du côté opposé un excédant de résistance suffisant.

En 1811, Koschitzky fut plus heureux avec les essais qu'il tenta dans le même pays. Il réussit, en effet, à lancer quinze cents livres de pierres à cent vingt pas.

Les fougasses dont il vient d'être question, lançaient à la fois soit une seule pierre, soit un grand nombre de cailloux ou de grenades. Elles différaient dans leurs excavations, au fond desquelles les unes avaient une chambre en métal, telle que les anciens pétards, et les autres un culot formé d'une forte pierre plate ; mais l'important pour leur réussite, c'était de donner une grande solidité au plateau sur lequel se plaçait la masse des projectiles. Ce dernier point n'a pas cessé d'être d'application dans les fougasses-pierriers en usage.

La plupart des données qui précèdent, sont extraites de la technologie des armes à feu par Moritz-Meyer. Elles permettent d'attribuer aux Suédois l'invention des fougasses-pierriers; mais elles n'empêchent pas de reconnaître que le général baron de Fleury les a pour ainsi dire faites siennes, en les réglant, et qu'il en est devenu le propagateur le plus heureux, puisque c'est depuis qu'il en a défini les formes avec soin, qu'elles ont réellement pris place parmi les éléments ordinaires de la défense des positions fortifiées, et qu'elles se sont le plus améliorées. C'est des données de ce général que M. le capitaine Villeneuve déduisit les prescriptions qu'il inséra, touchant les fougasses-pierriers, dans son manuel de mine, imprimé pour la première fois en 1826.

A cette époque les fougasses-pierriers se divisaient en fougasses-pierriers ordinaires en déblai, à charge à volonté ou non, et en fougasses-pierriers à feux rasants. Plus tard on imagina les fougasses-pierriers ordinaires en remblai et les fougasses-rases. Comme les trois dernières espèces ne sont que des modifications de la première, nous verrons celle-ci dans tous ses détails avant de nous occuper des autres.

De la forme des fougasses-pierriers ordinaires en déblai.

L'excavation des premières fougasses-pierriers employées, consistait tout bonnement en un trou cylindrique fait en terre, garni parfois d'un tonneau à paroi fort épaisse, et dont l'axe était incliné du côté vers lequel on voulait lancer les projectiles. Elle subit successivement diverses transformations, mais sans règles fixes. Ce n'est qu'à partir de la mise en pratique des idées du général de Fleury qu'elle fut soumise à des prescriptions bien déterminées. L'excavation des fougasses-pierriers ordinaires en déblai se composa dès lors d'un tronc de cône dont l'axe, formant la ligne de tir, était incliné de quarante-cinq degrés à l'horizon, et faisait des angles de vingt-six degrés et demi avec les génératrices de la surface tronc-conique. Par suite les deux génératrices qui se trouvaient dans le plan vertical de cet axe, nommé le plan de tir, étaient inclinées au tiers, l'une sur l'horizon, l'autre sur la verticale, et la base de l'excavation sur la surface du sol était une ellipse. Quant au fond, il était disposé de manière à permettre d'y adapter un plateau carré, d'équerre sur la ligne de tir, et de conserver, en dessous de ce dernier et sur toute sa largeur, une excavation prismatique à section triangulaire, dans laquelle on mettait la charge de poudre, renfermée dans une boîte cubique.

La difficulté que présente l'exécution de cette forme, fit songer dès le principe à la modifier. En conséquence on remplaça, par quatre plans formant trémie oblique, la partie tronc-conique, d'après laquelle toutefois on en détermina les positions. Deux d'entre eux passaient, chacun, par l'une des deux génératrices de cette surface que contenait le plan de tir, étaient d'équerre sur ce dernier, formaient le plan de dessous et le plan de tête, faisaient un angle de vingt-six degrés et demi avec l'axe de la fougasse, comme toutes les génératrices de la surface tronc-conique, et étaient par conséquent inclinés au tiers, l'un sur l'horizontale, et l'autre sur la verticale contenues dans le plan de tir, et passant par les extrémités inférieures des génératrices précitées.

Pour les deux autres plans, qui formaient les joues de la fougasse, on prenait ceux des plans tangents à la surface tronc-conique qui étaient inclinés au sixième avec l'horizon et vers l'extérieur.

Les quatre plans précédents étaient limités, en haut, par la surface du sol supposée horizontale, et en bas, par la position du plateau mais toutefois d'une manière incomplète. Ce plateau, carré, d'un mètre de côté, était placé d'équerre sur l'axe comme précédemment, et au point où les intersections des joues avec le plan de dessous se rapprochaient à un mètre.

Pour déterminer dans la pratique la position de tous les éléments de l'excavation de la fougasse-pierrier qui vient d'être sommairement décrite, on déduisait de ce qui précède, les données principales, et on les exprimait en nombres ronds pour en rendre l'application plus facile. Voici du reste le détail de toutes les dimensions adoptées ainsi que de toutes les indications dont la connaissance soit nécessaire pour avoir une idée complète de la plus grande fougasse-pierrier de cette époque.

La figure 1 représente la coupe, suivant le plan de tir, de l'ensemble de la fougasse-pierrier pour un sol de niveau; et la figure 2, sa projection horizontale, abstraction faite de la charge, du plateau et du chargement.

Figure 1, on faisait la profondeur *ab* de 1ᵐ80, le plateau *bc* d'un mètre de côté et on l'inclinait de 45 degrés à l'horizon; on faisait égaux et d'équerre l'un sur l'autre les côtés *bd* et *cd* du vide inférieur; on donnait, au plan de tête *cf* et au plan de dessous *bg*, les inclinaisons indiquées précédemment, c'est-à-dire, du tiers avec la verticale pour le premier, et avec l'horizon pour l'autre.

On obtenait ainsi :

45° pour l'inclinaison de l'axe *de*, qui formait en même temps la ligne de tir;

0ᵐ71 pour les largeurs *bd* et *cd* des côtés du vide sous le plateau;

0ᵐ33 pour la distance horizontale *fa* du sommet *f* du plan de tête *cf* à la limite inférieure du plan de dessous *bg*;

et 5ᵐ,73 pour la longueur *fg* de l'excavation;

enfin on prolongeait le plan de tête de *f* en *h*, ainsi que les parties contiguës des plans des joues, d'une soixantaine de centimètres pour servir de limites aux remblais de ce côté.

Figure 2, on faisait :

b'i et *c'j* de 0ᵐ50, c'est-à-dire, de la moitié du côté du plateau;

la moitié *f'k* de la largeur minima du haut de

l'excavation, de 0m80, c'est-à-dire, de la demi-largeur du plateau plus 0m30, dans le but de donner ainsi une inclinaison de 1/6 aux plans *ikl* des joues;

enfin la moitié *g'l* de la largeur maxima de l'excavation, des 2/5 de *fg*, c'est-à-dire, de 2m29.

Les nombres adoptés pour la mesure des deux dernières quantités furent cause que l'inclinaison des plans *ikl* des joues était de 1/5 environ au lieu de 1/6 que l'on avait en vue, et que ces plans s'écartaient sensiblement des parties planes *ijk* complémentaires des joues. On devait par suite dans la construction former chacune de ces dernières de deux plans, ou leur donner la forme d'une surface gauche, engendrée par le mouvement d'une droite, s'appuyant sur les droites *ij* et *kl* comme directrices.

Quant aux terres extraites de l'excavation, on les disposait comme l'indiquent les figures 1 et 2, pour renforcer la résistance du sol, en prolongeant par des gazonnages le plan de tête et les parties contiguës des plans des joues.

On disposait également la charge de poudre *m*, les moyens de mise à feu *nop*, le plateau *bc*, et le chargement de projectiles *qr*, comme l'indique la figure 1.

La charge de poudre était de 25 kilogrammes; renfermée dans une boîte cubique, elle se plaçait sur le milieu du vide, et correspondait ainsi au centre du plateau.

Les moyens de mise à feu consistaient en un

saucisson, formé d'un boyau en toile de deux centimètres de diamètre rempli de poudre. Ce saucisson était renfermé dans un auget ou tuyau carré en bois *nop*, plongeait par un bout dans la boîte aux poudres, et aboutissait par l'autre en un lieu à l'abri des coups de l'ennemi, où l'on pouvait y mettre le feu à l'aide d'amadou, de mèche lente, ou autrement.

L'auget et le saucisson devaient se mettre en place avant l'exécution des remblais, vu qu'ils étaient enterrés à une soixantaine de centimètres de profondeur pour être à couvert des coups de l'ennemi.

Le chargement, composé de cailloux, de moëllons ou de morceaux de briques, se mettait sur le plateau jusqu'à la surface *qr* d'un cylindre d'un rayon égal à la profondeur de la fougasse, et dont l'axe passait par le point *d* figure 1, et était d'équerre sur le plan de tir.

Dispositions actuelles des fougasses-pierriers ordinaires en déblai établies en terrain horizontal.

Les dispositions précédentes ont donné de bons résultats en pratique, mais on les a rendues plus avantageuses encore en les modifiant de manière à obtenir les dispositions en usage. Par suite, actuellement, on forme chaque joue d'un plan unique; on ne fait sous le plateau, pour le logement de la boîte aux poudres, qu'un vide des mêmes dimensions que cette dernière, et symétrique à l'axe de la fougasse ; enfin on ne prolonge plus le plan de tête, ni les joues par des gazonnages, mais on remplace ceux-ci par des talus ordinaires en terre aussi raides que possible : Sous ce dernier rapport les dispositions précédentes valaient mieux pour renforcer la résistance du sol, mais elles avaient le grave inconvénient d'exiger des gazons en assez grande quantité, et d'être difficiles à exécuter à cause du surplomb du plan de tête.

Pour déterminer toutes les parties des dispositions nouvelles, pour la plus grande fougasse en usage, c'est à dire pour le type adopté dans la pratique, soit, figure 3, la coupe de l'ensemble par le plan de tir, abstraction faite du plateau, et, figure 4, sa projection horizontale, abstraction faite de la charge, du plateau et du chargement pour éviter une complication de dessin inutile ; on prend, figure 3, $1^{m}80$ pour la profondeur *ab*, au-dessous de la surface du sol, du centre de la charge de $25^{k}540$ [1] renfermée dans une boîte cubique, et l'on suppose celle-ci placée de manière à avoir deux de ses faces d'équerre sur l'axe *bz* de la fougasse, c'est à dire sur la ligne de tir que l'on incline à 45 degrés comme dans le cas précédent ; on en déduit la position *cd* du plan du fond ou d'appui du plateau, d'un mètre de côté et d'équerre sur la ligne de tir ; on en déduit éga-

[1] La charge en usage est de 25 kilogrammes, mais nous verrons plus tard qu'il convient d'adopter $25^{k}540$.

lement la profondeur *ec* et la distance *le* nécessaire au tracé, ainsi que, figure 4, les positions des limites *ff*, *gg* et *fg* du plan du fond ; enfin on fait passer les plans des joues *fghi* par les limites latérales *fg* de ce dernier plan, en leur donnant l'inclinaison du sixième, le plan de dessous *iffi* par sa limite inférieure *ff*, en l'inclinant au tiers sur l'horizon, et le plan de tête *hggh* par sa limite supérieure *gg* en l'inclinant au tiers sur la verticale, et l'on en déduit la largeur minima *hh* et la largeur maxima *ii* de l'excavation au niveau du sol, ainsi que sa longueur *lk*.

Si l'on suppose que la boîte aux poudres est faite en planches de 0^m02 d'épaisseur, cas ordinaire, elle a 0^m344 de ce côté extérieur pour une charge de 25,540 kilogrammes, et, en partant de cette donnée et des indications précédentes, on obtient :

2^m03 pour la profondeur *ec* du bas du plan de dessous, et pour la distance *em*,
0^m27 pour la distance horizontale *le* entre le haut du plan de tête et le bas du plan de dessous,
1^m60 pour la largeur *hh*,
3^m76 pour la largeur *ii*.
6^m36 pour la longueur *lk*.

En effet, si l'on prolonge la profondeur *ab*, fig. 3, jusqu'à l'horizontale *cn*, que l'on mette la lettre *o* où elle rencontre *cd*, et que l'on mène l'horizontale *bp*, on aura les triangles semblables *obp* et *onc*, desquels on déduira *on* $=$ 0^{m}474, et par suite

$$bn = on - ob = 0{,}474 - 0{,}243 = 0^{m}231\,;$$

car *ob* est l'hypothénuse d'un triangle rectangle dont les deux côtés contigus à l'angle droit sont égaux, chacun, à 0^{m}172, c'est à dire à la moitié du côté de la boîte aux poudres.

On aura donc $ec = 1{,}80 + bn = 1{,}80 + 0{,}23 = 2^{m}03.$

$$\text{et } ek = 3ec = 3 \times 2{,}03 = 6{,}09.$$

$$\text{Comme } cd = 1^{m},\ cq = dq = re = 0^{m}71,$$

$$dr = 2{,}03 - 0{,}71 = 1^{m}32,$$

$$rl = \frac{1}{3}dr = \frac{1{,}32}{3} = 0^{m}44,$$

$$le = re - rl = 0{,}71 - 0{,}44 = 0^{m}27,$$

$$lk = le + ek = 0{,}27 + 6{,}09 = 6^{m}36.$$

Dans la figure 4 la perpendiculaire $ft = \dfrac{2{,}03}{6} = 0{,}34,$

$$uf = me \text{ de la figure } 3 = 2^{m}03,$$

et par suite de la similitude des triangles *uft* et *usi*,

$$si = \frac{us \times ft}{ut} = \frac{mk \times ft}{ut} = \frac{8{,}12 \times 0{,}34}{2} = 1^{m}38$$

$$ii = 2\,si + 2\,ks = 2 \times 1{,}38 + 2 \times 0{,}50 = 3^{m}76.$$

Les triangles semblables *sui* et *vuh* donneront $vh = 0^{m}30$. On aura donc ·/. $hh = 2 \times 0.30 + 2 \times 0.50 = 1^{m}60$.

Enfin, à l'aide des données précédentes, on trouve que le cube à déblayer est de 14,430 mètres cubes, abstraction faite de l'emplacement de la boîte aux poudres, qui est de 0^{m3}044.

Après avoir traité dans tous ses détails la question de l'excavation, nous devons passer à celle des remblais.

Jusqu'à ce jour on a donné diverses formes à ces derniers, mais il convient de choisir la plus logique, qui est en même temps la plus simple dans son tracé et dans son exécution.

Au moment de la déflagration de la charge, l'action des gaz se faisant sentir dans toutes les directions avec la même intensité, il en résulte que le terrain supérieur doit être renforcé en calote sphérique, et qu'il convient de se rapprocher de cette forme, pour les remblais, autant du moins que le permet la pratique, et comme nous l'avons fait dans les figures 3 et 4. La base de ce remblai peut se décrire du point *l* comme centre, plutôt que du point *a*, avec un rayon égal à 10/3 du côté du plateau. Le point *l* étant un peu en avant du centre des poudres, n'en vaut que mieux comme centre, pour la bonne répartition des remblais. En donnant pour hauteur, aux talus intérieurs de ces derniers, les 4/3 du côté du plateau en *A*, figure 4, le même côté en *BB*, dans les prolongements de *hh*, et le tiers seulement en *DD* près des points d'intersection du cercle de base et des joues, et en faisant retomber les terres à peu près en pente rectiligne, on s'écarte fort peu de la forme précitée, et l'on obtient le balancement entre les déblais et les remblais. Comme ces dimensions sont simples, faciles à retenir et avantageuses, il y a lieu de les adopter.

Pour terminer la description des formes de la fougasse en question, il ne reste plus qu'à parler de la charge, des moyens de mise à feu, du plateau et du chargement.

Nous décrirons plus loin toutes ces parties en détails. Disons ici toutefois que le chargement, limité comme à la figure 1, a un volume de 3 mètres 600 décimètres cubes, et que la charge se place dans une boîte cubique qu'elle remplit, qui a généralement des parois en planches de $0^{m}02$ d'épaisseur, et qui occupe tout le vide pratiqué en dessous du plan du fond, et à son centre, d'après les indications des figures 3, 8 et 9.

Des vides sous les plateaux des fougasses-pierriers et dans les fourneaux de mine.

Les dernières dispositions qui viennent d'être décrites, valent beaucoup mieux que celles qui précèdent : elles sont d'une exécution plus facile et plus rapide, par suite de la simplification du fond, des joues et des remblais, et de l'agencement des moyens de mise à feu dans la plupart des cas ; elles produisent un éparpillement des projectiles plus favorable à leur effet utile ; enfin elles donnent des portées notablement supérieures aux autres.

Cette augmentation des portées est due à la suppression du vide sous le plateau, suppression que nous avions proposée autrefois au régiment du Génie comme utile, et dont nous avons démontré l'utilité par des expériences directes faites en 1856 et 1857.

Cette question du vide dans les fourneaux de mine a fait l'objet de bien des controverses déjà; comme nous croyons pouvoir lever un coin du voile qui la couvre, nous saisissons, pour le faire, l'occasion qui se présente ici, et qui nous paraît assez opportune.

Elle fut soulevée particulièrement par le général Marescot, qui fut le premier à la lancer dans le champ de la discussion, croyait à l'utilité absolue du vide dans les fourneaux de mine, et fit à Mayence en 1800, diverses expériences pour le démontrer.

« Chacun sait, disait-il, que l'on fait crever « un canon de fusil en ménageant un espace « entre la poudre et le projectile; un plus grand « effet ne peut provenir que d'une plus grande « cause, que d'un plus grand effort. »

C'est l'interprétation erronée ou incomplète de ce fait et d'autres analogues, qui a occasionné la plupart des erreurs commises au sujet de la question des vides.

L'éclatement des fusils et des canons a vivement frappé l'attention dans ce cas, et l'a par suite détournée de l'étude des effets secondaires, et, pour ainsi dire, masqués par le précédent. Il était pourtant indispensable d'interroger ces derniers en même temps que le fait principal pour parvenir à élucider la question: c'est ce que nous allons faire dans les lignes suivantes. Citons à cet effet quelques faits utiles à connaître :

« Dans des épreuves faites en 1799 à Hanovre, sur les chambres des mortiers, on a trouvé que les portées sont d'autant plus faibles à charges égales que la capacité de la chambre est plus considérable, et que l'on peut remédier à cet inconvénient en achevant de remplir la chambre avec du sable ou de l'argile.

Dans les premières expériences faites avec les mortiers de 8 pouces à la Gomer, qui ont des chambres de 32 onces de capacité, on a constaté qu'avec une charge de 20 onces, mise seule dans la chambre, on obtient toujours des portées plus faibles que quand on complète, avec de la terre non bourrée, l'emplissage de la chambre.

Dans des expériences faites en Prusse en 1811, avec le fusil, pour constater les effets d'un intervalle plus ou moins long, laissé entre la charge de poudre et la balle, on a reconnu que cet intervalle diminue la force du coup.

On voit par les données précédentes que, bien que les vides conduisent à une tension supérieure des gaz de la charge, comme l'établit l'éclatement des canons de fusil et des bouches à feu, ils diminuent néanmoins la portée de ces armes. Nous expliquerons plus loin cette contradiction apparente.

L'analogie prononcée qui existe entre les bouches à feu et les fougasses-pierriers, nous avait fait supposer que les vides font sur celles-ci le même effet que sur les autres. Partant de là nous avons fait jouer, en 1856, quatre fougasses-pierriers identiques deux à deux à tous les points de vue, terrain compris, sauf que l'une de chaque groupe était sans vide sous le plateau ; et nous avons obtenu des résultats qui sont venus confirmer pleinement notre manière de voir. Les deux fougasses-pierriers sans vide sous les plateaux ont donné des portées plus fortes d'environ un septième, que les autres qui avaient des vides conformes à ceux des figures 1 et 2.

Nous avons obtenu des résultats analogues avec des mines de projection.

Il y a donc avantage à supprimer les vides sous les plateaux des fougasses-pierriers : en conséquence toutes les données de la suite de ce travail ne concerneront que des fougasses dépourvues de ces vides.

Il est bon de noter ici que les derniers sont cependant utiles quand les plateaux dont on dispose, sont trop faibles. Les gaz pressent alors les plateaux plus également, et par suite en produisent plus difficilement la rupture.

Le vide, dans certaine limite, a pour effet, d'après ce qui a été dit plus haut, d'augmenter la tension des gaz, comme le prouve l'éclatement des canons et des fusils, et de diminuer la force vive ou la quantité de travail produite, comme l'établit la diminution de portée des armes à feu, des fougasses-pierriers et des mines de projection.

Le premier de ces résultats semble seul avoir

été pris en sérieuse considération jusqu'à ce jour.

Quant à l'autre, on n'y a pas suffisamment pris garde. Pourtant pour traiter d'une manière judicieuse la question des vides, on aurait dû les rapprocher l'un de l'autre. En n'opérant pas ainsi, l'on est tombé dans de nombreuses contradictions.

En les rapprochant, on aurait pu y trouver la solution de la question, et des indications importantes sur l'emploi des vides dans les mines.

Le premier nous apprend que le vide dans certaine limite augmente la tension des gaz, ou en d'autres termes qu'il augmente la rapidité de l'inflammation de la poudre dans une plus forte proportion que l'espace occupé par cette dernière ; ou encore, d'après Euler, qu'il donne à la charge le temps de s'enflammer en entier et de produire tout son fluide avant que l'inertie du projectile soit vaincue et qu'il se soit mis en mouvement, ce projectile ne cédant pas d'abord avec une vitesse proportionnelle à la violente pression qu'il reçoit. Ces deux circonstances peuvent aussi se produire en même temps.

Le second résultat du vide nous dit que, malgré l'augmentation de tension qui en résulte, l'effet des gaz est plus faible sur les corps qu'ils mettent en mouvement, et qui y restent soumis pendant un certain temps, que si le vide n'avait pas existé ; c'est à dire que ces corps acquièrent moins de force vive par l'augmentation de tension due au vide que par l'action continue des premiers gaz développés sur le projectile, pendant qu'il parcourt l'espace contigu à la charge et de même longueur que le vide du premier cas.

On voit par là que si l'on veut produire un effort maximum instantané, on doit recourir au vide, mais que si l'on veut obtenir, avec le concours de la détente des gaz, une quantité de travail maxima, on ne doit pas en faire usage.

Un vide sera donc utile, dans un fourneau de mine, quand celui-ci aura pour but de rompre seulement son enveloppe, si elle est incompressible ou à peu près, comme lorsqu'il s'agit de détruire la pile d'un pont, une escarpe en maçonnerie, de briser en gros blocs une grande masse de pierre, de diviser, sans grande projection, une masse de fonte en morceaux, une bombe en gros éclats, etc.

Un vide deviendra nuisible au contraire dans un fourneau de mine, quand celui-ci sera destiné, non seulement à rompre son enveloppe, mais encore à en jeter les débris au loin, comme lorsqu'il s'agira de projeter vers une place assiégée des bouches à feu d'une batterie de brèche ou autre, de faire sauter une colonne d'attaque, de bouleverser une sape, de lancer les débris d'une brèche sur l'assaillant, de briser une bombe en éclats nombreux et de les lancer au loin, etc.

Il sera nuisible encore pour des fourneaux de mine destinés à détruire des galeries établies dans des terrains compressibles.

L'utilité du vide consiste dans l'augmentation, en certain sens, des effets produits par la charge, et par suite dans la diminution qu'il permet de faire subir à cette charge, quand on ne veut pas obtenir cette augmentation particulière dans ses effets. La proportion de cette diminution doit être déterminée par expérience pour chaque milieu différent, et n'a pu l'être jusqu'à ce jour pour aucun, d'une manière satisfaisante, à cause des idées fausses ou incomplètes que l'on avait sur les effets du vide dans les mines et dans les armes à feu.

Cette détermination doit nécessairement être précédée de celle de la proportion qui doit exister entre la charge et le vide pour obtenir le maximum de tension des gaz. Cette proportion variera nécessairement avec chaque milieu; elle sera d'autant plus grande que le milieu sera moins compressible, comme l'ont établi les expériences faites jusqu'à ce jour.

On n'a fait cette sorte d'expériences que pour des terrains plus ou moins compressibles. Les premières sont dues au général Marescot, qui les a faites en 1800 dans les terrains de Mayence. Elles ont appris que, dans ces derniers, la capacité de la chambre doit être dans le rapport de 16 à 1 avec le volume de poudre pour produire le maximum d'effet de rupture. Pour les terrains plus compressibles de Metz cette proportion a été trouvée de 3 $^1/_2$ à 1.

Nous venons de dire qu'il s'agit ici du maximum d'effet de rupture, et non du maximum d'effet, qui comprend tout le travail produit, tant pour la déliaison que pour la projection.

Lorsqu'il y a augmentation des effets de rupture par l'emploi du vide, il y a toujours diminution de projection, comme le prouvent les expériences rapportées précédemment sur les armes à feu ; comme le prouvent aussi d'une manière assez explicite les expériences de Mayence, puisque, pour des chambres croissant d'un pied et quart à quatre pieds de côté, les diamètres des entonnoirs ont augmenté de 23 à 29 pieds, et les hauteurs des gerbes de terre ont diminué de 30 à 8 pieds. Il est très-probable, d'après tout ce qui vient d'être dit, que les vides diminuent la quantité de travail totale produite, au lieu de l'augmenter comme le croient ceux qui, comme le général Marescot, parlent du maximum d'effet.

Il est, dans tous les cas, certain qu'ils répartissent autrement cette quantité de travail, et qu'ils indiquent, de cette manière, quand et comment on doit s'en servir pour en tirer bon parti dans le jeu des fourneaux de mine.

La poudre est pour ainsi dire *de la force emmagasinée,* qui, employée sans perte, doit produire une quantité de travail maxima, mais dont les effets, dans les expériences, dépendent en partie de la manière de s'en servir.

En attirant spécialement l'attention sur ce point important, nous pensons avoir fait chose très-utile, non seulement pour guider dans l'application des vides aux fougasses-pierriers, aux mines de projection, et aux fourneaux de mine en général, mais encore pour guider le mineur qui voudra faire des expériences nouvelles à ce sujet.

Des modifications à faire aux données précédentes sur les excavations des fougasses-pierriers ordinaires en déblai pour les rendre applicables à un terrain incliné.

Les données qui ont été déterminées plus haut pour les excavations des fougasses-pierriers, s'appliquent en terrain horizontal ; mais elles changent, en partie, quand le terrain sur lequel on établit les fougasses-pierriers, monte ou descend du côté vers lequel le tir doit être dirigé. Les modifications à faire portent particulièrement sur la longueur et sur la largeur maxima de l'excavation, attendu que, si l'on fait passer, par le point *e* des figures 3 et 4, un plan de même inclinaison que le terrain, toute la partie de ces figures, prolongées au besoin, qui se trouve en dessous de ce plan, forme l'excavation à faire dans le sol pour la fougasse en terrain incliné.

Pour déterminer dans ce cas la longueur horizontale de cette excavation, on prend, comme précédemment, $0^{m}27$ pour la distance horizontale du sommet du plan de tête au pied du plan de dessous, et l'on y ajoute la valeur de L donnée par la formule

$$L = \frac{\pi}{1/3 \pm A},$$

dans laquelle π représente la profondeur verticale du pied du plan de dessous à la surface inclinée du sol, et A, la pente du terrain, exprimée par une fraction ordinaire telle que 1/7, 1/8, 1/9, etc., avec le signe plus pour une pente descendante et le signe moins pour une pente ascendante.

En effet, soit, fig. 5, *ec* la profondeur π ci-dessus, et *ep* la direction du terrain suivant le plan de tir, si l'on représente, par *eldck*, la coupe, par le même plan, de l'excavation d'une fougasse-pierrier ordinaine fictive en terrain horizontal *lek*, cette fougasse fictive se confondra, d'après ce qui a été dit plus haut, avec la fougasse réelle dans la partie *epcdle*, et l'on aura :

$$ek = 3\,ec$$

$$\frac{ec}{ek} = \frac{\pi}{ek} = \frac{1}{3} \ \ldots (1)$$

$$\text{inclinaison suivant } ep = A = \frac{pq}{eq}$$

$$pq = A \times eq \ \ldots (2)$$

$$pq : ec = qk : ek.$$

$$pq = \frac{ec \times qk}{ek} = \frac{\pi\,(ek\text{-}eq)}{ek} \ \ldots (3)$$

$$\text{(2) et (3) donnent } A \times eq = \frac{\pi\,(ek\text{-}eq)}{ek}$$

d'où $eq = \frac{\pi}{A + \pi/ek} \ldots (4)$

(1) et (4) donnent $eq = \frac{\pi}{1/3 + A}$, expression de la distance horizontale entre e et p, en terrain descendant.

On trouverait d'une manière analogue l'expression $eq' = \frac{\pi}{1/3 - A}$, pour un terrain ascendant.

Si, à cette expression, on ajoute la distance entre e et l en terrain horizontal, c'est-à-dire 0^m27, pour ne pas perdre inutilement son temps à chercher la distance peu différente entre ces points en terrains inclinés, on aura, d'une manière suffisamment exacte, pour le but à atteindre, la longueur horizontale lq de l'excavation à faire. C'est ce qu'il fallait démontrer.

Ayant la valeur eq, on s'en servira de la manière suivante pour déterminer, soit graphiquement, soit par le calcul, la largeur maxima de l'excavation en terrain incliné.

Si l'on avait fait, à une échelle déterminée, la coupe par le plan de tir de la fougasse de même profondeur π en terrain horizontal, figure 5, ainsi que sa projection horizontale, figure 6, il suffirait pour obtenir graphiquemement la largeur cherchée hh, de la tracer sur le dessin à l'aide de la quantité eq, et d'avoir recours à l'échelle pour en connaître la valeur.

Pour obtenir cette même valeur par le calcul, on procédera de la manière suivante :

On connait ec, ek, eq et par suite qk, ainsi que ck de la figure 5 ; on déduit de là :

$$hp : ck = qk : ek$$

$$hp = \frac{qk \times ck}{ek}$$

et parsuite $cp = ck - kp = ck - \frac{qk \times ck}{ek} = \frac{ck \times eq}{ek}$.

On détermine ensuite, à l'aide de la fougasse-type, la grande largeur ii, figure 6, de la fougasse-fictive.

Soit en outre représenté par $fhiihf$, figure 7, le rabattement horizontal du plan ck de la figure 5, avec ses horizontales en c, p et k ; si l'on y trace la ligne médiane ck et une ligne parallèle fmn, on tirera de là :

$$fm : fn = mh : ni.$$

$$\text{ou } cp : ck = mh : ni.$$

$$\text{d'où } mh = \frac{cp \times ni}{ck} = \frac{ck \times eq}{ek} \times \frac{ni}{ck} = \frac{eq \times ni}{ek}.$$

On aura donc ainsi la valeur mh, puisque eq a été déterminé plus haut, que ek est donné par la figure 5, et que

$$ni = \frac{ii}{2} - \frac{ff}{2}.$$

par suite on aura $hh = 2mh + ff = 2\,\frac{eq \times ni}{ek} + ff$.

Pour calculer rapidement toutes les dimensions précédentes, on pourra tirer grand parti de la table n° 1 ci-après.

La grande largeur *hh* de l'excavation en terrain incliné étant ainsi déterminée, on a tous les éléments voulus pour tracer sur le terrain la fougasse à faire, attendu que l'on peut remplacer sans inconvénient la petite largeur du haut de l'excavation en terrain incliné par celle que l'on obtient en terrain horizontal, vu qu'elles ne diffèrent pas sensiblement l'une de l'autre.

Des modifications à faire subir aux dispositions des fougasses-pierriers ordinaires pour les transformer en fougasses à charge à volonté.

Il arrive souvent que l'on doit établir des fougasses-pierriers assez longtemps avant de s'en servir; si l'on plaçait les charges en les construisant, on s'exposerait à trouver, au moment du besoin, les poudres détériorées par l'humidité du sol, à moins de les renfermer dans des vases imperméables tels que des bouteilles, des caisses en zinc, etc. Pour éviter ce grave inconvient, on dispose les fougasses-pierriers de manière à pouvoir faire arriver les poudres en place, quand on veut, malgré le complet achèvement de toutes les autres parties du dispositif. On obtient ainsi ce que l'on appelle fougasses-pierriers à charge à volonté.

La fougasse de cette espèce de l'invention du général De Fleury, consistait dans les dispositions des figures 1 et 2, abstraction faite de la boîte aux poudres, auxquelles on ajoutait un petit puits, à 2 mètres environ en arrière du plan de tête, et une gaîne en bois qui reliait le fond de ce puits avec le bas du vide sous le plateau. On faisait arriver la charge sous ce dernier par cette gaîne, que l'on bourrait ensuite de sacs à terre ainsi que le puits, après y avoir placé les moyens de mise à feu, etc.

Cette disposition était d'une construction longue et difficile; elle avait en outre pour défauts de laisser un grand vide autour de la charge, de faire perdre par la gaîne une bonne partie des gaz de la poudre, et de produire par suite des effets fort incertains.

On lui préfère en conséquence et avec raison les dispositions des figures 3 et 4, complétées par une petite gaîne verticale en bois *ab*, figure 8, qui pénètre dans la boîte aux poudres par son arête supérieure, traverse le plateau et le chargement, et aboutit près du haut du plan de tête. Cette gaîne sert à faire arriver, dans la boîte, la poudre de la charge ainsi que les moyens de mise à feu.

De cette manière on n'a qu'une seule espèce d'excavation pour les deux cas : ce qui est fort avantageux pour l'emploi de ce moyen de défense.

Quant la boîte aux poudres et l'auget qui doit renfermer le saucisson, sont mis en place longtemps avant la mise à feu, ou dans un terrain fort humide, on a soin de les goudronner fortement avant leur pose, si l'on n'a pas fait usage de vases et d'enveloppes imperméables à ce sujet.

De la manière de déterminer, à l'aide de la fougasse-pierrier-type, les diverses parties des fougasses-pierriers de moindres dimensions.

La fougasse-pierrier, représentée par les figures 3 et 4, est la plus grande fougasse-pierrier en usage, parce qu'elle exige, pour son établissement, le maximum de temps que l'on croit pouvoir consacrer à ce moyen de défense, parce qu'en outre elle a une profondeur que les eaux souterraines permettent rarement de dépasser. Cette profondeur est celle à laquelle on place le centre de ses poudres, et est par conséquent ici de $1^{m}80$. Bien qu'elle ne soit pas la plus grande de l'excavation, elle doit porter cependant le nom de profondeur de la fougasse, parce qu'elle représente une grandeur caractéristique, c'est-à-dire la ligne de moindre résistance du terrain enveloppant.

Par suite des considérations précédentes, la fougasse-pierrier de $1^{m}80$ de profondeur a été prise pour type. Elle sert en conséquence à la détermination de toutes les parties des autres fougasses-pierriers de même espèce, lorsque l'on connaît l'une des dimensions, ou l'un des éléments de la fougasse à déterminer, tels que sa profondeur, ou le côté de son plateau, ou le volume de son chargement, ou le poids de sa charge ordinaire, etc. Pour en faire usage à ce sujet, il suffit de remarquer que toutes les fougasses-pierriers dont il s'agit ici, sont géométriquement semblables, et que par suite leurs lignes homologues sont proportionnelles entre elles, et les volumes de leurs parties correspondantes proportionnels aux cubes de ces mêmes lignes. Il est à remarquer que cette similitude n'est pas complète dans les fougasses-pierriers en usage, attendu que les charges ordinaires ne sont pas, sous ce rapport, en harmonie avec le reste, à cause de la manière de les déterminer, comme nous le verrons plus loin. Nous avons cru devoir ici faire disparaître cette irrégularité pour donner de l'homogénéité aux calculs et en rendre l'application plus facile, en faisant usage, pour la détermination des charges ordinaires, d'une méthode plus rationnelle, qui sera indiquée ci-après :

Veut-on, par exemple, établir une fougasse-pierrier de $1^m,50$ de profondeur. On aura :

$1,80 : 1,50 = 1 : z = 0,83$, pour le côté de son plateau, c'est-à-dire, pour sa dimension correspondante à *cd* du type, figures 3 et 4 ;

$1,80 : 1,50 = 2,03 : y = 1,69$, pour sa dimension correspondante à *ce* du type ;

$1,80 : 1,50 = 0,27 : x = 0,225$, pour sa dimension correspondante à *le* ;

$1,80 : 1,50 = 6,36 : v = 5,30$, pour sa dimension correspondante à *lk* ;

1,80 : 1,50 = 0,80 : u = 0,67, pour sa dimension correspondante à lh;

1,80 : 1,50 = 1,88 : t = 1,57, pour sa dimension correspondante à hi;

$1{,}80^3 : 1{,}50^3 = 3^{m^3}600 : s^{m^3} = 2^{m^3}084$, pour le volume de pierres à lancer;

$1{,}80^3 : 1{,}50^3 = 14^{m^3}430 : r^{m^3} = 8^{m^3}351$, pour le volume des déblais à faire.

Avec ces dimensions, et connaissant les dimensions des remblais en fonction du côté du plateau, et la manière de les tracer, on a toutes les données pour construire la fougasse-pierrier, abstraction faite des détails relatifs à la charge, dont nous parlerons plus loin.

Ces indications font voir comment on peut déterminer toutes les parties d'une fougasse-pierrier à l'aide du type; mais pour permettre d'économiser à volonté le temps à consacrer à cette détermination, et pour rendre les fougasses-pierriers d'un facile usage, nous avons mis plus loin une table qui donne toutes les dimensions voulues.

Exécution des entonnoirs.

Soit à exécuter les terrassements de la fougasse représentée par les figures 3 et 4. Pour l'exécution de ce travail, il faut dix hommes, un cordeau de 40 à 50 mètres, un mètre, une équerre, 14 piquets de 0m,30 à 0m,40 de longueur, 10 pelles carrées, 6 pioches et un maillet. Pour une fougasse de moindres dimensions, on doit réduire en conséquence le nombre d'hommes et celui des pelles et des pioches.

Pour le tracé, on plante sur le terrain choisi le piquet *l* au point voulu, on tend le cordeau sur ce piquet et suivant la direction du plan de tir *xlk*, on mesure les distances *le* et *lk*, et l'on plante des piquets en *e* et *k*; on trace les perpendiculaires *hh*, *ff* et *ii*, on mesure les distances *lh*, *ef* et *ki*, et l'on plante des piquets en *h*, *f* et *i*; on trace la circonférence *yxy*, du point *l*, avec un rayon égal à 3 fois un tiers le côté du plateau, on plante des piquets en *x*, *y* et *y'*; enfin l'on achève le tracé en marquant, par de petites rigoles faites à la pelle, le long du cordeau tendu, les lignes *hh*, *hi*, *ii*, *ff* et *fi*.

Pour l'exécution, on déblaie d'abord tout le terrain compris dans le pourtour *iffi*, en s'enfonçant verticalement tout le long des lignes *ff* et *fi*, et en faisant pour se guider une petite tranchée suivant *ke* jusqu'au plan de dessous, que l'on commence en *k* et que l'on prolonge vers *e* à mesure que le déblai se rapproche de ce plan.

Ce travail étant presque achevé, on talute les joues et l'on déblaie les terres du dessous du plan fictif *hhff*, par un abattage grossier, puis on déblaie en dessous de ce plan jusqu'à celui de tête, en faisant le plan horizontal *dj* pour la facilité du travail; enfin on enlève le massif *cdjc*, et l'on fait le logement de la boîte aux poudres.

On peut s'aider, dans l'exécution des déblais,

de l'instrument que nous avons imaginé pour déterminer les inclinaisons des talus, et que nous ferons connaître plus loin, sous le nom de guide-taluteur.

Pour faire le déblai, on place d'abord six hommes à l'excavation, 3 sur la moitié de droite et autant sur celle de gauche, en les espaçant convenablement pour la facilité du travail ; on leur fait jeter leurs terres autant que possible dans le cercle *xy* et vers la droite *lx*. Les 4 hommes disponibles remanient les terres jetées, les égalisent, les piétinent, et font les talus du pourtour de l'excavation.

Le volume du déblai à faire, abstraction faite de celui de l'emplacement de la boîte aux poudres, est de 14 mètres quatre-cent-trente décimètres cubes.

On met environ 12 heures à l'exécution de ce travail, qui ne comprend ni la pose de la charge, ni celle du chargement, mais on peut réduire ce temps du quart, en y employant des hommes exercés ou en les relevant toutes les trois heures et les surveillant bien.

Le travail tel qu'il vient d'être décrit, suppose un terrain de bonne consistance. Quand celle-ci est mauvaise, on doit donner aux joues une inclinaison plus faible, élargir par suite le haut de l'excavation, et faire le plan de tête en gazons, à partir du haut du plan du fond. En ce dernier point le gazonnage reçoit un gazon d'épaisseur, et augmente d'épaisseur à mesure qu'il s'élève, non seulement en avant par suite de l'inclinaison du plan de tête, mais encore en arrière pour faire passer la verticale de son centre de gravité dans le plan de sa base, afin d'en éviter le renversement.

Du chargement et du plateau.

Le chargement d'une fougasse-pierrier est le volume de projectiles que l'on met sur le plateau.

Une réglementation bien entendue de ce chargement est d'une nécessité absolue pour que l'on puisse prévoir le résultat des fougasses-pierriers et employer ces dernières dans de bonnes conditions. Elle laisse actuellement beaucoup à désirer. Elle prescrit de remplir l'entonnoir de moëllons jusqu'à la surface cylindrique $\alpha\delta$, figure 3 et 8, qui a pour rayon la profondeur de la fougasse, et pour axe une ligne passant par le centre des poudres et d'équerre sur le plan de tir ; elle prescrit aussi de ne pas employer des moëllons de trop faibles dimensions ; de faire usage, à défaut de moëllons, d'un poids égal de cailloux, de briques ou d'autres projectiles ; de choisir, autant que possible, des cailloux d'environ dix centimètres de diamètre ; de placer les projectiles les plus forts et les plus pesants vers le centre du plateau, c'est à dire, dans le voisinage de la ligne de tir ; et enfin d'augmenter un peu vers le haut l'épaisseur du chargement. Ces prescriptions sont en général assez bonnes, mais elles sont insuffisantes pour amener une bonne réglementation des charges, par la méthode en usage, qui consiste à les faire proportionnelles aux volumes à lancer, comme nous le verrons plus loin. Il en résulte que l'on peut obtenir ainsi des charges égales pour des poids à projeter fort différents, et par suite des portées fort différentes, en comptant sur des portées égales ; c'est là sans contredit un inconvénient grave, vu que l'on ne peut par suite savoir d'avance si l'on atteindra le but, du point où l'on établit la fougasse. Pour éviter cet inconvénient, il faut déduire les charges des poids des chargements, comme nous le ferons plus loin, et non plus de leurs volumes ; mais il convient de déterminer ces poids par le moyen que nous indiquerons ci-après, afin de recourir le moins possible à la pesée, toujours longue et difficile à pratiquer.

Les morceaux de moëllons à employer doivent avoir dix à vingt centimètres de côté, et des volumes variables d'un à trois décimètres cubes au maximum.

Il faut admettre, comme donnée pratique, qu'ils doivent être jetés pêle-mêle dans l'excavation de la fougasse, sans autre arrangement que celui que l'on fait ponr rapprocher les plus gros morceaux de la ligne de tir, et pour éviter de trop grands vides par l'arc-boutement.

Pour déterminer le poids du mètre cube des projectiles dont on dispose, ainsi arrangés, afin de faire usage de cette donnée pour l'établissement de toutes les fougasses destinées à les lancer, on fait en terre une excavation régulière d'un mètre de capacité, on la remplit de l'espèce de projectiles en question, en les y jetant pêle-mêle et les arrangeant d'après les indications précédentes, puis on les pèse.

Un mélange de morceaux de moëllons de schiste et de calcaire ainsi rassemblés et ayant des volumes variables d'un à trois décimètres cubes, pèse environ 1270 kilogrammes au mètre cube.

Pour déterminer le poids d'un chargement de projectiles de cette espèce, on multiplie par cette donnée le nombre de mètres cubes qu'il contient, et l'on y ajoute le poids du plateau. On peut même se dispenser sans inconvénient de s'occuper du poids de ce dernier, en comprenant approximativement ce poids dans celui des projectiles, et prenant en conséquence 1300 kilogrammes au lieu de 1270 pour chaque mètre cube de ceux-ci contenu dans le chargement.

Comme ce sont des projectiles de cette dernière espèce que l'on a employés pour la plupart des fougasses-pierriers qui ont servi de base à ce travail, nous avons adopté, dans celui-ci, 1300 kilogrammes pour le poids du mètre cube de projectiles, plateau compris; mais il doit être bien entendu que si le chargement, se composait de pierres plus pesantes ou plus légères que celles dont il s'agit ici, cette donnée devrait être modifiée en conséquence dans la pratique, afin que, multipliée par le nombre d'unités de volume comprises dans le chargement, elle donnât le poids réel de ce dernier, attendu que c'est ce poids qui doit servir à la détermination de la charge de la fougasse correspondante, pour éviter les graves inconvénients qui résultent de l'emploi des volumes à ce sujet, d'après ce que nous avons dit précédemment. On pourrait aussi, pour opérer conformément aux données de ce travail, supposer que, dans le cas précédent, le chargement comprend autant de mètres cubes que son poids contient de fois 1300 kilogrammes.

On voit que, dans les deux cas, le poids de l'unité, multiplié par le volume, donnerait toujours le poids réel du chargement; mais le volume fictif du dernier doit forcément être substitué au volume réel, comme on le verra plus loin, chaque fois que l'on doit remplacer, dans les formules, les poids par les volumes et réciproquement, pour ne faire entrer dans les calculs que des données comparables.

On voit que, par cette méthode, il suffirait de peser un mètre cube de morceaux, arrangés comme plus haut, de l'espèce de moëllons dont on disposerait, pour pouvoir déterminer alors les poids des chargements d'une manière assez exacte, sans faire de nouvelles pesées. Si l'on ne pouvait pas faire de pesée de tout, on pourrait se contenter d'adopter 1300 kilogrammes pour le poids du mètre cube de moëllons.

On peut opérer avec des cailloux, des briques, etc., comme on vient de le faire pour des moëllons. Quant aux briques, nous avons reconnu qu'elles produisent beaucoup de petits morceaux et de poussière dans le jeu des fougasses, et donnent par suite des portées inférieures d'un dixième environ à celles que l'on obtient avec des moëllons. Pour obtenir à peu près la même portée avec ces deux espèces de projectiles, il suffit d'employer un poids de briques égal aux dix onzièmes de celui des moëllons, de faire usage pour les deux cas de la charge de poudre qui convient à ces derniers, et de n'employer que des briques bien cuites.

Pour terminer la question du chargement, il ne reste que quelques mots à dire sur la manière de le disposer dans l'excavation.

La raideur des joues de cette dernière, que l'on est parfois obligé de diminuer, quand on opère en mauvais terrain, a de l'influence sur l'éparpillement des projectiles, qui dépend aussi de l'arrangement de ces derniers sur le plateau. Les pierres comprises dans le prisme droit qui a celui-ci pour base, reçoivent seules une impulsion directe parallèle à l'axe de la fougasse; les autres sont lancées plus ou moins obliquement et avec plus ou moins de force, selon leur volume, leur densité et leur position par rapport à ce prisme.

Le chargement des pierres amoncelées sur le plateau, doit être disposé en portion de cylindre à peu près, d'après ce qui a été dit plus haut, mais avec les pierres les plus grosses dans la partie centrale, le long de la ligne de tir, et avec un petit surcroît d'épaisseur près du sommet du plan de tête. En effet, vu la manière dont s'exerce la pression des gaz de la poudre, le chargement devrait se terminer plutôt en calotte sphérique qu'en portion de cylindre, si les pierres étaient également réparties. Il aurait donc alors, suivant la ligne de tir, une épaisseur plus grande que dans le premier cas, et c'est pour compenser la diminution admise en pratique dans l'épaisseur, que l'on met, dans le voisinage de cette ligne, les plus grosses pierres, qui sont en outre mieux placées pour la projection, et qui ont enfin l'avantage d'empêcher en partie, sinon complètement, la flexion transversale du plateau.

Quant à la surépaisseur de la partie supérieure du chargement, elle a pour effet de tendre à maintenir le plateau d'équerre sur la ligne de tir, en faisant équilibre au frottement des pierres sur le dessous de la fougasse, et à faciliter la projection des pierres inférieures. Sans cette précaution, le plateau aurait un mouvement de rotation autour de son arête inférieure, presserait en partie les pierres sur le plan de dessous, en augmenterait le frottement et en diminuerait par suite la projection d'une manière fort nuisible, comme nous l'avons reconnu dans le jeu des fougasses-pierriers, dites rases, dont il sera question plus tard.

Il importe encore de bien établir le plateau

d'équerre sur la ligne de tir, et la charge aussi exactement que possible en dessous de son milieu, pour assurer une bonne direction à l'action des gaz de cette dernière.

Enfin il est nécessaire de donner aux plateaux une résistance suffisante.

Pour qu'ils soient convenables, ils doivent être assez épais et assez solides pour ne pas se réduire en morceaux, ni même se courber d'une manière prononcée sous l'action des gaz dus à la combustion de la charge. Il est bien évident que leur rupture diminue la force de projection ; il en est de même de leur courbure qui a de plus pour effet nuisible d'augmenter outre mesure l'éparpillement des projectiles.

Ils ont une solidité suffisante lorsqu'on les forme de madriers en chêne vert recroisés, bien cloués ou chevillés, et qu'on leur donne l'épaisseur que l'on déduit de la formule suivante :

$$E = 10 + \frac{C}{4},$$

formule que nous avons basée sur de nombreux résultats d'expérience, et dans laquelle E exprime cette épaisseur en centimètres, et C la charge de poudre en kilogrammes.

Quant aux autres dimensions des plateaux, elles se déduisent de celles des entonnoirs.

Calcul des charges. — Examen des formules en usage. Établissement d'une formule nouvelle.

Les charges simples ou ordinaires des fougasses-pierriers se calculent en général au moyen de la formule $C=1+6,66V$, que l'on trouve dans l'aide-mémoire de Laisné, et dans laquelle C désigne la charge en kilogrammes, et V le volume de pierres à lancer exprimé en mètres, volume que l'on doit faire d'un demi mètre cube au moins et de trois mètres six cents décimètres cubes au plus.

Cette formule qui n'est qu'une modification de celle du colonel Leblanc, ne répond nullement aux besoins de la question. En effet, en ne produisant pas des charges exactement proportionnelles aux volumes à lancer, en donnant en un mot, aux petites fougasses-pierriers ordinaires, des charges proportionnellement plus fortes qu'aux grandes, elle détruit, sans profit sérieux, la similitude complète qui doit exister, comme nous l'avons dit précédemment, entre tous les éléments des fougasses pour en rendre l'emploi facile et la réglementation régulière. Elle ne permet pas par suite de déterminer méthodiquement les profondeurs auxquelles on doit placer les charges qu'elle donne.

Elle ne tient aucun compte de la ténacité du sol, qui a pourtant une grande influence sur le jeu des fougasses. Elle ne tient aucun compte non plus de la différence du poids des pierres au mètre cube; elle donne ainsi des charges égales pour projeter des poids fort différents, et conduit par suite souvent à des résultats imprévus.

Elle est indépendante de la portée moyenne, et comme celle-ci n'est pas la même pour les différentes charges que l'on en déduit, c'est à dire, pour les fougasses-pierriers de toutes les grandeurs, elle ne permet pas de prévoir le résultat que l'on obtiendra, ni par conséquent si l'on projettera les pierres au point voulu.

Elle ne donne, sous la forme $C = 1 + 6,66V$, qu'une charge pour un volume de pierres déterminé, de sorte qu'elle met dans l'impossibilité de faire varier les portées selon les nécessités locales. Toutefois elle donne une seconde charge sous la forme $C = 1 + 10V$, sous laquelle elle est entachée des mêmes défauts que sous la première. Cette dernière charge prend le nom de surcharge maxima, parce que, se plaçant à la même profondeur que l'autre, elle bouleverse trop complètement le terrain dans lequel on la met, pour qu'elle puisse encore être accrue d'une manière avantageuse, ou permettre la réparation de la fougasse; tandis que les effets de la première ne sont ordinairement pas assez étendus pour rendre l'excavation de la fougasse irréparable.

La formule en question donne donc des charges ordinaires à l'aide de la forme $C = 1 + 6,66V$, et donne des surcharges maxima sous la forme $C = 1 + 10V$.

Par son défaut de continuité, elle ne peut donner les charges intermédiaires, ni celles qui sont au-dessous ou au-dessus des précédentes. On comprend pourtant que la pratique peut avoir besoin de toutes ces charges. Ainsi, par exemple, il peut arriver qu'une fougasse avec charge ordinaire soit placée de manière à projeter ses pierres notablement au-delà du but à atteindre; dans ce cas, pour en obtenir un bon résultat, on doit évidemment en diminuer la charge, et réduire par conséquent cette dernière à une sous-charge.

Il peut arriver aussi qu'une fougasse avec surcharge maxima soit à une trop grande distance du but à atteindre; dans ce cas, pour y assurer une bonne portée, on doit nécessairement diminuer le volume de son chargement jusqu'à ce que la surcharge suffise pour en projeter le reste à la distance voulue; on a donc alors une surcharge maxima avec chargement incomplet, c'est-à-dire, une double surcharge.

La pratique réclame donc :

1° Des sous-charges, allant par accroissements continus, des sous-charges minima jusqu'aux charges ordinaires ;

2° Des charges simples dites ordinaires ;

3° Des surcharges, allant par accroissements continus des charges ordinaires aux surcharges maxima;

4° Enfin des doubles surcharges, allant par

accroissements continus des surcharges maxima jusqu'aux doubles surcharges maxima.

Ces charges diverses sont donc en très grand nombre pour un même volume de projectiles, et comme la formule précédente n'en donne que deux, elle est évidemment d'une complète insuffisance pour la pratique.

De plus elles doivent être mises en terre à des profondeurs dont la détermination doit être méthodique pour être pratique. Sous ce rapport encore la formule en question met des entraves, comme nous l'avons dit un peu plus haut, à la réglementation régulière des fougasses-pierriers; elle devrait à cet effet donner des charges en concordance de similitude avec les autres éléments de ces dernières, et c'est ce qu'elle ne fait pas.

Les sous-charges, les charges simples dites ordinaires, et les surcharges doivent se mettre à la profondeur qui résulte du volume de leur chargement, mais avec cette restriction que ce dernier est supposé d'autant de mètres cubes que son poids avec celui du plateau comprend de fois 1,300 kilogrammes. Cela revient à dire que les sous-charges et les surcharges se placent à la même profondeur que les charges simples correspondantes.

Quant aux doubles surcharges, elles doivent se placer aux mêmes profondeurs que les charges simples qui seraient formées des deux tiers de leurs poudres : cela veut dire que les doubles surcharges sont enterrées de manière à jouer en surcharges maxima par rapport à la résistance du sol. Il en résulte que les chargements correspondants sont toujours incomplets ; nous en avons dit la raison, en expliquant la nécessité de l'emploi des doubles surcharges.

Les expressions des profondeurs dont il vient d'être question, seront déterminées plus loin.

On voit par ce qui précède, que la formule $C = 1 + 6,666 V$, est une solution fort imparfaite et fort incomplète de la question de la détermination des charges des fougasses-pierriers, et qu'elle serait d'une utilité fort médiocre dans la pratique. Il serait par suite avantageux de la remplacer par une autre qui donnerait la charge en fonction du poids des projectiles, de la portée du centre de gravité de la masse à projeter, et de la plus ou moins grande ténacité du sol : c'est ce que nous allons faire bientôt. La formule que nous établissons ci-après, donnera toutes les charges dont il a été fait mention plus haut, en tenant compte de toutes les nécessités de la question; elle sera un grand allègement pour la mémoire, et permettra de mettre les charges en harmonie avec les nécessités locales, provenant souvent de la position obligée de la fougasse et de l'espace à battre.

Nous avons ici pour but, qu'on veuille bien le remarquer, d'établir une formule essentiellement pratique, et non une formule théorique exacte, d'autant plus qu'il y a, sous ce rapport, dans le jeu des fougasses-pierriers, d'importantes données qui, non seulement, échappent à une analyse rigoureuse, mais ne peuvent même pas être déterminées d'une manière approximative. Par suite cette formule sera basée sur des résultats d'expérience. Par conséquent pour être bonne, elle ne pourra reposer que sur des données recueillies avec soin. Celles sur lesquelles nous nous appuyons, ont été relevées de la manière suivante:

Chacune des fougasses-pierriers mises à profit à ce sujet, fut établie d'après les indications données antérieurement sur la meilleure manière de les disposer, ou dans des conditions analogues.

Le terrain en fut examiné avec soin, et eut sa consistance déterminée le plus exactement possible de manière à permettre de faire un judicieux usage de la formule:

$$m = 1 - 1/20\ (0 \pm 1 \pm 2 \pm 3),$$

que nous expliquerons ci-après et que nous avons déduite de nombreux résultats d'expériences, pour exprimer, touchant la consistance du terrain, la valeur du coëfficient m, par lequel on doit multiplier, comme on le verra plus loin, les charges des fougasses-pierriers en terrain moyen, ou l'expression qui les donne, ce qui revient au même, pour obtenir des charges en harmonie avec la consistance précitée.

Dans cette expression de m, les chiffres entre parenthèses indiquent le degré de ténacité du sol par rapport au terrain de consistance moyenne, lequel correspond au zéro et par suite à

$$m = 1 - 1/20 \times 0 = 1;$$

trois, affecté du signe plus, marque le terrain de la consistance la plus forte dans lequel on puisse creuser une fougasse-pierrier, et qui correspond à

$$m = 1 - 1/20 \times 3 = 17/20;$$

trois, affecté du signe moins, marque le terrain de la consistance la moins forte dans lequel on puisse établir une fougasse-pierrier, et qui correspond à

$$m = 1 - 1/20 \times -3 = 23/20;$$

enfin + 1 et + 2 marquent des terrains intermédiaires entre 0 et + 3, et — 1 et — 2 désignent des terrains compris entre 0 et — 3.

Nous entendons par la consistance moyenne celle du terrain dans lequel l'homme ne peut faire pénétrer régulièrement une pelle qu'avec le secours du pied ; par la consistance la plus forte celle du terrain dans lequel l'homme fait difficilement pénétrer le tranchant de la pioche ; par la consistance la moins forte celle d'un terrain récemment remblayé, mais damé fortement et avec soin. Le chiffre $\pm$ 1 de la parenthèse marque un terrain plus près de la moyenne au jugé que de la consistance la plus ou la moins forte ; et le chiffre $\pm$ 2, un terrain plus près de ces limites que de la moyenne.

Avec ces données, il suffit d'un peu d'attention pour faire une application judicieuse du coëfficient *m*, dont nous avons obtenu des résultats très satisfaisants, et dont l'importance saute aux yeux par l'écart qu'il met entre les charges extrêmes à l'aide de ses valeurs limites 23/20 et 17/20.

Le chargement de chacune des fougasses-pierriers en question fut formé de morceaux de moëllons de schiste et de calcaire, et pesé avec soin; le poids des plateaux y fut compris.

La tracé du plan de tir de chacune d'elles fut rigolée sur le terrain, ainsi que des transversales d'équerre, distantes de dix en dix mètres à partir de la projection horizontale du centre des poudres.

Après le jeu de chaque fougasse, on en releva la portée; à cet effet on rassembla les pierres projetées, d'équerre sur la trace du plan de tir, en se servant comme guides, dans cette opération, des transversales indiquées plus haut ; puis on détermina, par des pesées faites avec soin, le centre de gravité de la traînée ainsi faite, et l'on en mesura la distance à la projection horizontale du centre des poudres.

Avec des données ainsi recueillies, nous avons imaginé d'établir divers tableaux analogues à celui que l'on trouve aux pages suivantes :

Numéro d'ordre.	Charge expérimentée. Poids projeté. Valeur du coëfficient *m*. Profondeur du centre des poudres. Portée moyenne obtenue.	Effet utile total exprimé en kilogrammètres.	Charge qui produirait, en terrain de consistance moyenne, le même effet utile.	Effet utile par kilogramme de poudre en terrain de consistance moyenne.	Effet utile en terrain moyen par kil. de poudre, après déduction de $1^{k}50$ sur la charge totale, pour tenir compte plus ou moins approximativement de la perte des gaz.	Effet utile en terrain moyen par kil. de poudre, après déduction de $2^{k}00$ sur la charge totale, pour tenir compte plus ou moins approximativement de la perte des gaz.	Effet utile en terrain moyen par kil. de poudre, après déduction de $2^{k}50$ sur la charge totale, pour tenir compte plus ou moins approximativement de la perte des gaz.
1	2	3	4	5	6	7	8
1°	$C = 9^{k}534$ $P = 2340$ kil. $m = 22/20$ $h = 1^{m}43$ $D = 39^{m}75$	$2340 \times 39{,}75 = 93015^{km}$	$C_{,} = 8^{k}670$	10728^{km}	12973^{km}	13945^{km}	15075^{km}
2°	$C = 4^{k}180$ $P = 910$ kil. $m = 21/20$ $h = 1^{m}10$ $D = 33^{m}65$	$910 \times 33{,}65 = 30622^{km}$	$C_{,} = 3^{k}981$	7692^{km}	12343^{km}	15459^{km}	20676^{km}
3°	$C = 12^{k}667$ $P = 3510$ kil. $m = 1$ $h = 1^{m}63$ $D = 46^{m}53$	$3510 \times 46{,}53 = 163320^{km}$	$C_{,} = 12^{k}667$	12893^{km}	14625^{km}	15311^{km}	16064^{km}
4°	$C = 13^{k}00$ $P = 2340$ kil. $m = 1$ $h = 1^{m}43$ $D = 70^{m}00$	$2340 \times 70 = 163800^{km}$	$C_{,} = 13^{k}00$	12600^{km}	14244^{km}	14891^{km}	15600^{km}
5°	$C = 19^{k}00$ $P = 3510$ kil. $m = 1$ $h = 1^{m}63$ $D = 79^{m}50$	$3510 \times 79{,}50 = 279045^{km}$	$C_{,} = 19^{k}00$	14687^{km}	15945^{km}	16414^{km}	16912^{km}
6°	$C = 13^{k}00$ $P = 1785$ kil. $m = 1$ $h = 1^{m}43$ $D = 93^{m}00$	$1785 \times 93 = 166005^{km}$	$C_{,} = 13^{k}00$	12770^{km}	14435^{km}	15091^{km}	15810^{km}
7°	$C = 5^{k}070$ $P = 1000$ kil. $m = 19/20$ $h = 1^{m}07$ $D = 51^{m}00$	$1000 \times 51 = 51000^{km}$	$C_{,} = 5^{k}336$	9558^{km}	13295^{km}	15288^{km}	17983^{km}

Ces tableaux nous ont d'abord fait reconnaître que la perte de gaz est beaucoup plus grande pour les surcharges que pour les charges ordinaires et les sous-charges ; que cette perte est à peu près constante pour les deux dernières espèces de charge, tandis qu'elle croît avec celles de la première espèce; et qu'il convient par suite de rechercher avant tout la relation qui existe entre les charges des fougasses ordinaires et des fougasses sous-chargées, ainsi que la formule qui peut donner ces charges.

En conséquence, dans le but d'indiquer la méthode que nous avons suivie pour déterminer cette relation et cette formule, nous avons dressé le tableau précédent, et n'y avons fait figurer que des fougasses sous-chargées sous les numéros 1°, 2°, 3°, et que des fougasses ordinaires sous les numéros 4°, 5°, 6° et 7°, en ayant soin de les différencier beaucoup dans leurs éléments, afin de rendre la formule cherchée applicable à tous les cas analogues. Dans ce tableau, C, désigne les charges de poudre en kilog. ; P, les poids à projeter ; m, les coëfficients relatifs à la consistance du sol ; h, les profondeurs des fougasses ; et D, les distances de projection ou portées moyennes.

On y remarquera d'abord que nous avons déterminé, pour chaque fougasse, la mesure en kilogrammètres du travail utile produit, puis la charge qui produirait la même quantité de travail en jouant en terrain de consistance moyenne, et enfin le travail utile produit par chaque kilogramme de cette dernière charge. C'est évidemment là la voie la plus simple à suivre pour parvenir à introduire, dans la formule des charges, la portée et le poids des projectiles.

Comme la quantité de travail utile produite par kilogramme de poudre diffère beaucoup pour les diverses fougasses dont il s'agit ici, et augmente avec la charge, voir colonne 5, nous avons dû en inférer qu'il y a des pertes de gaz très notables, et qui diminuent pour chaque kilogramme de poudre à mesure que les charges augmentent. Nous avons en outre été conduits à admettre, comme suite aux indications des premiers tableaux établis, et comme donnée suffisamment approximative pour la question qui nous occupe, que si l'on déduisait, des charges en terrain de consistance moyenne, les poudres correspondantes aux pertes totales mentionnées plus haut, les restes produiraient la même quantité de travail utile par kilogramme. En remarquant que les poudres des fougasses ordinaires et des fougasses sous-chargées, établies en terrain de consistance moyenne, brûlent à peu de chose près dans les mêmes conditions, on reconnaîtra que la donnée précédente est rationnelle. Bien qu'elle ne fût pas rigoureusement exacte, il a fallu l'admettre pour la constitution de la formule, parce que les expériences sur les fougasses-pierriers ne peuvent pas se faire avec une exactitude assez parfaite, par suite de la variabilité de leurs éléments et spécialement à cause de l'influence du terrain, pour conduire sous ce rapport à la vérité absolue. Pour trouver la quantité de travail utile type dont il est question plus haut, représentons-la par t, et par a, b, c, d, e, f et g, les pertes correspondantes subies par les charges des sept fougasses du tableau précédent, nous en déduirons les équations suivantes :

1re fougasse, $(8,67 - a)\,t = 93015^{km}$
2e idem, $(3,981 - b)\,t = 30622^{km}$
3e idem, $(12,667 - c)\,t = 163320^{km}$
4e idem, $(13,00 - d)\,t = 163800^{km}$
5e idem, $(19,00 - e)\,t = 279045^{km}$
6e idem, $(13,00 - f)\,t = 166005^{km}$
7e idem, $(5,336 - g)\,t = 51000^{km}$

Si nous faisons varier t, dans ces équations, nous obtiendrons pour a, b, c, etc., des valeurs correspondantes et nous pourrons former le tableau suivant :

	km	km	km	km	km	km
Pr $t =$	13000	14000	15000	16000	17000	18000
$a =$	1,52	2,03	2,47	2,86	3,20	3,50
$b =$	1,62	1,79	1,94	2,07	2,18	2,28
$c =$	0,11	1,00	1,78	2,47	3,07	3,60
$d =$	0,40	1,30	2,08	2,76	3,36	3,90
$e =$	-2,46	-0,93	0,40	1,56	2,39	3,50
$f =$	0,23	1,14	1,93	2,62	3,23	3,78
$g =$	1,42	1,70	1,94	2,15	2,34	2,51

Ce tableau montre que pour $t = 13000$ ou 14000^{km}, les charges ne sont pas en harmonie avec les pertes supposées, puisque les plus petites font des pertes absolues plus fortes que les plus grandes : ce qui n'est pas possible, ni par suite admissible ; que les pertes déduites des équations ci-dessus s'harmonisent le mieux avec les charges pour $t = 15000$ à 16000^{km} ; que pour des valeurs plus grandes de t, les pertes correspondantes sont exagérées par rapport aux charges ; que par suite la valeur la plus convenable de t paraît être comprise entre 15000 et 16000^{km}, et que les valeurs de a, b, c, d, e, f et g, correspondantes à cette dernière, diffèrent fort peu entre elles et se rapprochent de 2 kilogrammes.

Nous avons par suite fait entrer, dans le premier tableau ci-dessus, cette dernière donnée et celles que l'on obtient en la diminuant ou l'augmentant de $0^{k},500$, afin de faire voir, par les indications des colonnes n°s 6, 7 et 8, que l'on s'écarte fort peu de la vérité en admettant que, pour les fougasses ordinaires et les fougasses sous-chargées, la perte peut être considérée comme constante et égale à 2 kilog. On voit en effet, par la colonne n° 7, que, dans la supposition de cette perte, les effets utiles sont à peu près les mêmes par kilogramme de poudre pour toutes les charges, et diffèrent beaucoup moins entre eux que dans la supposition d'une perte de $1^{k},50$ ou de $2^{k},50$.

Cette colonne n° 7 donne aussi, pour l'effet utile moyen par kilogramme de poudre,

$$106399/7 = 15199^{km}8,$$

c'est-à-dire 15200^{km} en nombre rond.

Comme cette moyenne est peu différente de chacune des données qui l'ont fournie, nous pouvons, comme conséquence de tout ce qui précède, poser l'équation suivante :

$$C = 2 + \frac{PD}{15200},$$

dans laquelle C exprime en kilogrammes la charge d'une fougasse ordinaire ou sous-chargée quelconque établie en terrain de consistance moyenne, P le poids à projeter en kilogrammes, et D la distance en mètres du centre des poudres au centre de gravité de la masse projetée.

Pour rendre cette formule applicable à un terrain quelconque, il suffit d'y introduire le coëfficient m, relatif à la consistance du sol, dont il a été question précédemment, et de poser

$$C = m\left(2 + \frac{PD}{15200}\right)$$

Cette formule a été reconnue bonne par de nombreuses expériences, pour les fougasses ordinaires et les fougasses sous-chargées, pourvu que le chargement soit d'un demi-mètre cube au moins, comme l'exige du reste une pratique avantageuse.

Les sous-charges, toutefois, ne doivent pas

s'écarter des charges ordinaires de plus d'un tiers. Il n'est pas avantageux, du reste, de recourir à de faibles sous-charges, à cause du peu de portée et par suite du peu d'effet des fougasses correspondantes. A ce point de vue, il vaudrait mieux de relever l'axe de la fougasse, c'est-à-dire la ligne de tir, que diminuer la charge. On pourrait, par exemple, adopter pour ce cas les entonnoirs des fougasses rases dont il sera question plus loin, en mettant, sur leur pourtour en remblai utile, les terres qui en seraient extraites. De cette manière, on donnerait aux pierres projetées une plus grande hauteur de chute ; on les rendrait en conséquence plus meurtrières, mais on devrait, pour en régler les charges, recourir à une autre formule, qu'il serait facile de déterminer par la méthode ci-dessus indiquée.

Pour les fougasses surchargées, la formule précédente donne des charges notablement trop faibles. Des considérations analogues à celles que nous venons de faire valoir pour l'établir, et que nous croyons inutile d'énumérer ici, nous ont fait reconnaître que la perte de gaz dans les fougasses surchargées croît avec les surcharges, et que par suite, il faut modifier comme suit la formule ci-dessus pour pouvoir l'employer à la détermination des charges de cette espèce de fougasse :

$$C = m\left[2 + \frac{PD}{15200} + \frac{1}{3}\left(2 + \frac{PD}{15200} - 0{,}0055\,\mathrm{P}\right)\right].$$

Cette formule, vérifiée par l'expérience, a été disposée pour une facile application et en contient tous les éléments. Ce point nous a paru l'un des plus importants, parce que nous pensons que, pour toute formule à employer à la guerre, on doit, pourvu q'elle donne des résultats satisfaisants, s'attacher plutôt à la rendre simple et maniable que rigoureuse, si cette dernière propriété ne peut s'obtenir que par la complication.

Tous les calculs qu'elle exige, sont simples et faciles à faire ; le terme $0,0055P$, qu'elle contient dans la parenthèse, a une grande importance pour en faciliter l'usage. Ce terme est l'expression de la charge simple de la fougasse ordinaire, qui a son chargement du poids P, comme la fougasse dont on cherche la charge par la formule en question. En effet, soit V le volume du chargement dont le poids est P, et X la profondeur de la fougasse ordinaire correspondante ; comme $3^{m^3},600$ est le volume du chargement de la fougasse type de $1^m,80$ de profondeur, on aura, d'après ce que nous avons vu précédemment :

$$3,600 : V = 1,80^3 : X^3,$$

$$\text{d'où } X = \sqrt[3]{\frac{V \times 1,80^3}{3,600}}.$$

D'un autre côté, comme $2^m,60$ est la ligne de moindre résistance du fourneau ordinaire, qui a une charge égale à la charge simple de la fougasse ordinaire de $1^m,80$ de profondeur, si l'on représente par H la ligne de moindre résistance du fourneau qui a une charge égale à la charge simple de la fougasse de profondeur X, on aura aussi :

$$1,80 : 2,60 = X : H$$

$$\text{d'où } X = 1,80/2,60\, H = 9/13\, H.$$

Egalant les deux valeurs trouvées ci-dessus pour X, on aura :

$$9/13\, H = \sqrt[3]{\frac{V \times 1,8^3}{3,600}}$$

$$\text{d'où } H^3 = 4,88222\, V.$$

Comme on a pour la charge du fourneau ordinaire de ligne H de moindre résistance, ou pour la charge simple de la fougasse correspondante,

$$C, = 11/6 H^3 \times 0,793,$$

on obtient, en remplaçant H^3 par sa valeur indiquée plus haut,

$$C, = 11/6 \times 0,793 \times 4,88222 V = 7,1 V;$$

mais, comme le volume du chargement égale le poids total P de ce dernier, divisé par le poids de l'unité du volume, qui est ici de 1300 kilog. au mètre cube, d'après ce que nous avons dit précédemment en parlant du chargement des fougasses, on a :

$$V = \frac{P}{1300},$$

$$\text{d'où } C, = 7,1 \times \frac{P}{1300} = 0,0055\, P:$$

C'est ce qu'il fallait démontrer.

Comme le terme $0{,}0055P$ est l'expression des charges ordinaires, il s'ensuit qu'il rend la dernière formule applicable à cette espèce de charge comme aux surcharges, en en réduisant à zéro la partie entre parenthèses dans le cas des charges ordinaires, et ramenant ainsi cette formule à la même forme que la première.

Lorsqu'on fait usage de cette formule pour déterminer la charge à employer, le terme $0{,}0055P$ fait connaître immédiatement si cette charge est une sous-charge, une charge ordinaire, une surcharge ou une double surcharge.

D'après ce que l'on a vu précédemment, la charge simple ou ordinaire est donnée par $0{,}0055P$; la sous-charge peut aller des deux tiers de $0{,}0055P$ à $0{,}0055P$; et la surcharge va de $0{,}0055P$ à une fois et demie $0{,}0055P$.

Quant à la double surcharge, elle peut aller de cette dernière limite jusqu'à deux fois la charge de $0{,}0055P$. Celle-ci, qui est, comme on le voit, le double de la charge simple, est la double surcharge *maxima,* parce qu'on ne peut la dépasser sans éparpiller les pierres d'une manière désavantageuse.

A ce point de vue, il est bon, pour les grandes portées, d'employer les chargements les plus forts, attendu que les espaces atteints par les projectiles augmentent en étendue avec les portées, et exigent par suite qu'il en soit de même pour les quantités de pierres projetées, afin que ces dernières produisent suffisamment d'effet.

Notre formule permet de déterminer les meilleurs chargements pour tous les cas qui peuvent se présenter dans la pratique. En effet, lorsque l'on établit une fougasse-pierrier, on connaît la distance du point moyen à battre; si l'on introduit cette distance dans la formule en question, que l'on y fasse C égale à la plus grande charge pratique, c'est à dire à 38^k310, et m égal à 1, qui représente la consistance moyenne du terrain, on obtiendra, pour P, le poids du chargement cherché. Toutefois, si le poids obtenu dépasse le poids de 4650 kilog., qui est celui du chargement complet de la plus grande fougasse, il fera connaître par là qu'il est trop grand et qu'il faut s'arrêter à ce dernier poids. En introduisant alors celui-ci dans la formule, ainsi que la distance de projection, on en déduira la charge la plus grande qu'il soit possible d'employer dans ce cas.

On voit par là que la formule nouvelle permet de déterminer en toute circonstance les fougasses les plus avantageuses à employer. Elle permet aussi de déterminer la plus grande portée qu'il soit possible d'obtenir des fougasses-pierriers ordinaires en respectant les prescriptions de ce travail pour la profondeur de $1^m,80$ et pour la charge de 38^k310, que la pratique donne comme des *maximum*. En effet, dans ce cas, 38^k310 forment la double surcharge *maxima*, c'est à dire celle qui donne la plus grande de toutes les portées. Si l'on désigne par P_0 le poids du chargement correspondant, ce poids, d'après ce que nous avons vu précédemment, se déduira de l'équation :

$$0{,}0055\ P_o \times 2 = 38^k310$$
$$\text{d'où } P_o = 3483^k.$$

De plus, si l'on fait, dans la formule des charges,

$$C = 38^k310 \text{ et } P = P_o = 3483 \text{ kilog.}$$

On obtient pour la portée *maxima* cherchée :

$$D = 137^m57.$$

De la profondeur des fougasses-pierriers.

On nomme profondeur d'une fougasse-pierrier la distance verticale du centre de sa charge à la surface du sol.

Nous avons dit précédemment que les sous-charges, les charges simples dites ordinaires, et les surcharges doivent se mettre aux profondeurs qui résultent des volumes V de leurs chargements P, combinés avec les autres éléments des fougasses correspondantes, conformément aux indications des types, figures 3 et 4; que ces volumes, dans ce cas, sont toujours supposés égaux à

$$\frac{P}{1300} = V^{m3},$$

quelle que soit la densité des projectiles employés; et que les fougasses précitées sont entièrement semblables.

Cette similitude permet d'établir, entre les éléments du type et ceux d'une fougasse-pierrier ordinaire quelconque de profondeur X, la proposition suivante :

$$3^{m3}600 : V = 1{,}80^3 : X^3$$

$$\text{d'où } X = \sqrt[3]{\frac{V \times 1{,}80^3}{3{,}600}}$$

On obtient ainsi la profondeur cherchée à l'aide du volume à projeter et de celui du type, ainsi que de la profondeur de ce dernier. On voit par là que les fougasses à charges simples, à souscharges et à surcharges, qui ont rapport aux mêmes volumes, ont même profondeur, et que, par conséquent, on trouve la profondeur d'une fougasse surchargée, en cherchant celle de la fougasse correspondante à charge ordinaire.

On peut aussi obtenir cette profondeur à l'aide d'autres éléments et sous une forme plus avantageuse, en mettant à contribution, comme suit, la similitude précitée.

2^m60 étant la ligne de moindre résistance du fourneau ordinaire qui a pour charge la charge ordinaire de la fougasse type de 1^m80 de profondeur, et H celle du fourneau ordinaire de même charge que la fougasse-pierrier ordinaire de profondeur X, on aura la proportion suivante :

$$2{,}60 : 1{,}80 = H : X$$

$$\text{d'où } X = 9/13\, H.$$

C'est-à-dire que la profondeur d'une fougasse-pierrier à charge simple est égale aux 9/13 de la ligne de moindre résistance du fourneau ordinaire de même charge.

La charge ordinaire, en usage pour la profondeur de 1^m80, est de 25 kilog.; comme cette charge, jouant en fourneau ordinaire, a 2^m58 pour ligne de moindre résistance, la valeur de X, indiquée plus haut, devrait être exprimée par

$1,80/2,58\,H$, au lieu de ($1,8/2,6\,H$ ou $9/13\,H$),

et aurait, dans ce cas, une forme moins favorable pour la pratique. Il nous a paru par suite préférable d'adopter, pour ligne de moindre résistance de la plus grande charge ordinaire de la fougasse-pierrier type, jouant en fourneau ordinaire, la valeur de 2^m60, qui correspond à 25,540 kilog. de poudre. C'est ce qui explique l'emploi de cette dernière donnée, comme donnée-type, dans ce travail et, comme conséquence de cette dernière, l'emploi de la donnée $25^k540 \times 3/2 = 38^k310$ pour la surcharge *maxima* de la plus grande fougasse.

Comme la charge ordinaire a pour expression $C^k = 0,0055P$, ainsi que nous l'avons démontré un peu plus haut, il suffira de chercher, à la table n° 1 ci-après, la ligne de moindre résistance du fourneau ordinaire correspondant à cette charge, et d'en prendre les 9/13 pour avoir la profondeur cherchée, non seulement pour la charge simple, mais encore pour les sous-charges et les surcharges correspondantes, d'après ce que nous avons dit plus haut.

Si l'on n'avait pas la table précitée sous la main, on déterminerait la ligne de moindre résistance en question à l'aide de la formule :

$$C = 11/6\, H^3 \times 0{,}793 = 1{,}454\, H^3,$$

de laquelle on déduirait facilement la valeur de H par tâtonnement, si l'on voulait se dispenser de faire l'extraction de la racine cube nécessaire à la détermination de cette valeur.

Voilà toutes les indications voulues pour la détermination des profondeurs des fougasses ordinaires souschargées, à charges simples et surchargées.

Quant à la détermination des profondeurs des fougasses à doubles surcharges, il suffit d'ajouter à ce qui précède, que l'on doit toujours prendre, pour ces profondeurs, les 9/13 des lignes de moindres résistances des fourneaux ordinaires, qui ont pour charges les 2/3 des charges à employer. Par suite, celles-ci sont toujours enterrées de manière à former des surcharges *maxima* par rapport à la résistance du sol.

Exemple des calculs à faire pour l'établissement d'une fougasse-pierrier.

Les développements dans lesquels nous venons d'entrer, peuvent faire paraître très longs les préparatifs et les calculs relatifs aux fougasses-pierriers, mais l'habitude les rend en réalité assez courts. Quoi qu'il en soit, ils sont inévitables, si l'on ne veut opérer au hasard. On le reconnaîtra facilement en remarquant qu'une fougasse-pierrier est une espèce de fourneau de mine, et qu'un fourneau de mine ne peut s'établir de manière à donner de bons résultats sans l'observation rigoureuse des règles qu'il comporte.

Voici du reste, comme exemple à ce sujet, tous les détails des calculs relatifs à l'établissement d'une fougasse-pierrier.

Supposons une fougasse-pierrier d'un chargement $P = 3000$ kilog., à établir à une distance D de 100 mètres du centre de l'espace à battre; on cherchera d'abord la charge à employer. Avec les quantités précédentes la formule,

$$C = \mathrm{m}\left[2 + \frac{PD}{15200} + \frac{1}{3}\left(2 + \frac{PD}{15200} - 0{,}0055\mathrm{P}\right)\right],$$

donnera, en terrain de consistance moyenne, pour lequel $m =$

$$C = 2 + \frac{3000 \times 100}{15200} + \frac{1}{3}\left(2 + \frac{3000 \times 100}{15200} - 0{,}0055 \times 3000\right);$$ d'où $C = 23^{k}483$ pour la charge cherchée.

On détermine ici la charge par rapport à la consistance moyenne, attendu que la valeur vraie de m, pour l'expérience à faire, ne peut se déterminer qu'en creusant l'entonnoir, et ne sert par suite qu'à modifier la charge *seule*.

L'expression $0{,}0055P$, qui est celle de la charge simple correspondante au même poids P, donnera $0{,}0055 \times 3000 = 16^{k}500$, et indiquera par suite, que la charge trouvée plus haut est une surcharge approchant de la surcharge *maxima*.

On devra déterminer ensuite la profondeur du centre des poudres. On sait, d'après ce qui précède, que la charge ordinaire est de 16^k500; on aura donc, conformément à la démonstration faite à ce sujet :

$$16{,}500 = 11/6 \times 0{,}793\ H^3$$
$$\text{d'où } H^3 = 11{,}349$$
$$H = 2{,}25$$

et $9/13\ H = 1^m56$ pour la profondeur cherchée.

On peut obtenir immédiatement $9/13\ H$ à l'aide de la table n° 1, colonnes 1 et 5.

A l'aide du type, fig. 3 et 4, et de la profondeur ci-dessus, on trouvera alors de la manière suivante toutes les dimensions de l'excavation de la fougasse à faire :

$1{,}80 : 1{,}56 = 6{,}36 : L = 5^m51$ pour la longueur de l'excavation au niveau du sol ;

$1{,}80 : 1{,}56 = 3{,}76 : T = 3{,}26$ pour la largeur ou la transversale la plus grande de l'excavation ;

$1{,}80 : 1{,}56 = 1{,}6 : t = 1{,}38$, pour la largeur ou la transversale la plus petite de l'excavation au niveau du sol, ou pour le sommet du plan de tête ;

$1{,}80 : 1{,}56 = 0{,}27 : d = 0{,}23$, pour la distance horizontale du sommet du plan de tête au pied du plan de dessous ;

$1{,}80 : 1{,}56 = 2{,}03 : \pi = 1{,}76$, pour la profondeur de l'intersection des plans de fond et de dessous ;

1,80 : 1,56 = 1 : p = 0,87, pour le côté du plan de fond ou du plateau ;

10/3 p = 0,87 × 10/3 = 2,90, pour le rayon de la base du remblai ;

4/3 p=0,87 × 4/3 = 1,16, p=0,87 et 1/3 p=0,87/3= 0,29, pour les hauteurs principales du remblai.

Il peut être utile de faire remarquer ici que les calculs précédents consistent simplement dans la multiplication des dimensions du type par le rapport des profondeurs, 1,56/1,80 = 0,52/0,60. On peut les éviter à l'aide de la table n° 1.

On peut noter aussi que, si le terrain était incliné, toutes les dimensions précédentes seraient bonnes, à l'exception de la longueur et de la grande largeur de l'entonnoir, qui devraient se calculer, dans ce cas, d'après les indications données antérieurement à ce sujet.

Pour terminer les calculs, il reste à déterminer l'épaisseur du plateau et le côté de la boîte aux poudres. La première s'obtient par la formule : $E = 10 + \frac{C}{4}$, en y remplaçant C, par la charge trouvée plus haut, et l'on a $E = 10 + 23,483/4 =$ 16 centimètres.

Cette épaisseur se déduit toujours de la charge déterminée pour le terrain de consistance moyenne, c'est à dire pour $m = 1$, attendu que cette charge donne la mesure de l'effort réel que le plateau supporte, quelle que soit la majoration ou la diminution qu'elle subisse par suite de la consistance du sol.

Quant au côté en centimètres de la caisse cubique de capacité voulue pour renfermer une charge C kilog, il est égal à

$$10,31 \sqrt[3]{C}.$$

Il n'y a donc qu'à déterminer, par tâtonnement si l'on veut, la racine cubique du nombre qui exprime la charge en kilogrammes, et de la multiplier par 10,31, pour avoir le côté cherché de la caisse à poudre.

On aura immédiatement ce côté par la table n° 2.

Nota pour la table n° 1.

1° Les lignes de moindre résistance H sont déduites des charges de la première colonne à l'aide de la formule $C^k = 11/6 \times 0{,}793 \times H^3$.

2° Quand une charge sera comprise entre deux nombres consécutifs de la colonne y relative, pour avoir les nombres correspondants des autres colonnes, on pourra, sans erreur sensible, supposer que la différence qui existe entre les deux nombres consécutifs qui comprennent la charge à employer, et celle qu'il y a entre celle-ci et le nombre inférieur, sont proportionnelles aux différences analogues des autres colonnes.

N° 1. *Table des charges simples et des dimensions correspondantes des fougasses-pierriers ordinaires.*

Charges simples dites ordinaires ou $C^{k} = 0{,}0055P$. 1	Poids des chargements ou $P^{k} = \frac{C}{0{,}0055}$ 2	Volumes des chargements ou $P/1300 = V$. 3	Lignes H de moindre résistance des fourneaux ordinaires ayant pour charges $0{,}0055P$. 4	Profondeurs des fougasses-pierriers ou $h = 9/13\,H$. 5	Longueurs des entonnoirs représentées par L. 6	Largeurs ou transversales maxima des entonnoirs ou T. 7	Longueurs des sommets des plans de tête, ou largeurs minima du haut des entonnoirs, ou t. 8	Distances horizontales des sommets des plans de têtes aux pieds des plans de dessous, ou d. 9	Profondeurs des intersections des plans de fond et de dessous ou π. 10	Côtés des plans de fond ou des plateaux, ou $p = \frac{5}{13}H$. 11	Rayons des bases des remblais, ou $R = \frac{10}{3}p$. 12	Hauteurs des remblais en capitales égales à $4/3\,p$. 13
4^{k}00	727^{k}	0^{m3}559	1^{m}40	0^{m}97	3^{m}43	2^{m}03	0^{m}86	0^{m}15	1^{m}09	0^{m}54	1^{m}80	0^{m}72
4 50	818	0 629	1 46	1 01	3 57	2 11	0 90	0 15	1 14	0 56	1 87	0 75
5 00	909	0 699	1 51	1 05	3 71	2 19	0 93	0 16	1 18	0 58	1 93	0 77
5 50	1000	0 769	1 56	1 08	3 81	2 26	0 96	0 16	1 22	0 60	2 00	0 80
6 00	1091	0 839	1 60	1 11	3 92	2 32	0 99	0 17	1 25	0 62	2 07	0 83
6 50	1182	0 909	1 65	1 14	4 03	2 38	1 01	0 17	1 28	0 63	2 10	0 84
7 00	1273	0 979	1 69	1 17	4 13	2 44	1 04	0 18	1 32	0 65	2 17	0 87
7 50	1364	1 049	1 73	1 20	4 24	2 51	1 07	0 18	1 35	0 67	2 23	0 89
8 00	1455	1 118	1 77	1 23	4 34	2 57	1 09	0 18	1 39	0 68	2 27	0 91
8 50	1545	1 188	1 80	1 25	4 41	2 61	1 11	0 19	1 41	0 69	2 30	0 92
9 00	1636	1 258	1 84	1 27	4 49	2 65	1 13	0 19	1 43	0 71	2 37	0 95
9 50	1727	1 328	1 87	1 29	4 56	2 70	1 15	0 19	1 46	0 72	2 40	0 96
10 00	1818	1 398	1 90	1 32	4 66	2 76	1 17	0 20	1 49	0 73	2 43	0 97
10 50	1909	1 468	1 93	1 34	4 73	2 80	1 19	0 20	1 51	0 74	2 47	0 99
11 00	2000	1 538	1 96	1 36	4 81	2 84	1 21	0 20	1 53	0 76	2 53	1 02
11 50	2091	1 608	1 99	1 38	4 88	2 88	1 23	0 21	1 56	0 77	2 57	1 03
12 00	2182	1 678	2 02	1 40	4 95	2 93	1 24	0 21	1 58	0 78	2 60	1 04
12 50	2273	1 748	2 05	1 42	5 02	2 97	1 26	0 21	1 60	0 79	2 63	1 05
13 00	2364	1 818	2 08	1 44	5 09	3 01	1 28	0 22	1 62	0 80	2 67	1 07
13 50	2455	1 888	2 10	1 45	5 13	3 03	1 29	0 22	1 64	0 81	2 70	1 08
14 00	2546	1 958	2 12	1 47	5 20	3 07	1 31	0 22	1 66	0 82	2 73	1 09
14 50	2637	2 028	2 15	1 49	5 27	3 11	1 32	0 22	1 68	0 83	2 77	1 11
15 00	2728	2 098	2 18	1 51	5 34	3 15	1 34	0 23	1 70	0 84	2 80	1 12
16 00	2909	2 238	2 23	1 54	5 44	3 22	1 37	0 23	1 74	0 86	2 87	1 15
17 00	3091	2 378	2 27	1 57	5 55	3 28	1 40	0 24	1 77	0 87	2 90	1 16
18 00	3273	2 518	2 31	1 60	5 65	3 34	1 42	0 24	1 80	0 89	2 97	1 19
19 00	3455	2 658	2 36	1 63	5 76	3 40	1 45	0 24	1 84	0 91	3 03	1 21
20 00	3636	2 797	2 40	1 66	5 86	3 47	1 48	0 25	1 87	0 92	3 07	1 23
21 00	3818	2 937	2 44	1 69	5 97	3 53	1 50	0 25	1 91	0 94	3 13	1 25
22 00	4000	3 077	2 47	1 71	6 04	3 57	1 52	0 26	1 93	0 95	3 17	1 27
23 00	4182	3 217	2 51	1 74	6 15	3 64	1 55	0 26	1 96	0 97	3 23	1 29
24 00	4364	3 357	2 55	1 77	6 25	3 70	1 57	0 27	2 00	0 98	3 27	1 31
25 00	4545	3 496	2 58	1 79	6 32	3 74	1 59	0 27	2 02	0 99	3 30	1 32
25 540	4644	3 572	2 60	1 80	6 36	3 76	1 60	0 27	2 03	1,00	3 33	1 33

N° 2. *Table indiquant le côté des caisses cubiques employées pour contenir les charges des fougasses-pierriers en poudre de mine non tassée dont 20 kilogrammes forment un cube de 0m28 de côté.*

Charges en kilogrammes.	Côtés, en mètres, des caisses cubiques correspondantes.	Charges en kilogrammes.	Côtés, en mètres, des caisses cubiques correspondantes.	Charges en kilogrammes.	Côtés, en mètres, des caisses cubiques correspondantes.
4 kilogr.	0m164	19 kilogr.	0m275	33 kilogr.	0m331
5 »	0 176	20 »	0 280	34 »	0 334
6 »	0 188	21 »	0 285	35 »	0 337
7 »	0 198	22 »	0 289	36 »	0 341
8 »	0 206	23 »	0 293	37 »	0 344
9 »	0 215	24 »	0 298	38 »	0 347
10 »	0 222	25 »	0 302	39 »	0 350
11 »	0 230	26 »	0 306	40 »	0 353
12 »	0 236	27 »	0 310	41 »	0 356
13 »	0 243	28 »	0 313	42 »	0 359
14 »	0 249	29 »	0 317	43 »	0 361
15 »	0 255	30 »	0 321	44 »	0 364
16 »	0 260	31 »	0 324	45 »	0 367
17 »	0 265	32 »	0 328		
18 »	0 271				

Nota. Les côtés des caisses ont été déduits des charges correspondantes à l'aide de la formule

$$x^{m} = 0,1031 \sqrt[3]{C},$$

dans laquelle *C* désigne les charges en kilogrammes.

Le 2° du nota de la table n° 1 est également applicable à la table n° 2.

Exemple de l'emploi des tables précédentes.

On suppose qu'il s'agisse d'établir une fougasse-pierrier pour projeter 3500 kilog. de pierres à 130 mètres de distance moyenne. On calculera d'abord la charge en terrain de consistance moyenne par la formule,

$$C = m\left[2 + \frac{PD}{15200} + \frac{1}{3}\left(2 + \frac{PD}{15200} - 0{,}0055P\right)\right],$$

en y faisant $m = 1$, et l'on aura $C = 36^{k}179$.

Comme le terme $0{,}0055P$ correspond à $19^{k}250$, il indique que cette charge est une double surcharge puisqu'elle dépasse 3/2 de $19^{k}250$.

On doit donc prendre les 2/3 de 36,179, c'est à dire $24^{k}120$, pour la charge simple correspondante à l'excavation à faire.

En cherchant dans la table n° 1 les dimensions d'excavation qui correspondent à cette charge de $24^{k}120$, on trouve qu'elles sont les mêmes, à quelques millimètres près, que celles qui correspondent à 24^{k}, et que l'on peut par suite adopter ces dernières, qui sont :

$1^{m}77$ pour la profondeur du centre des poudres,
$6^{m}25$ pour la longueur de l'entonnoir,
$3^{m}70$ pour la largeur maximum de idem,
$1^{m}57$ pour largeur minimum du haut de idem,
$0^{m}27$ pour la distance horizontale du sommet

du plan de tête au pied du plan de dessous,
2^{m}00 pour profondeur de l'intersection des plans de dessous et de fond,
0^{m}98 pour côté du plateau,
3^{m}27 pour le rayon de la base du remblai,
et 1^{m}31 pour la hauteur maximum du remblai dans le plan de tir.

Avant de recourir à la table n° 2 pour en déduire le côté de la boîte aux poudres, on doit reconnaître sur le terrain la valeur de *m*; supposons qu'en creusant l'entonnoir on y rencontre un terrain de la consistance la plus faible, c'est à dire, pour lequel $m = 23/20$, on aura pour la quantité de poudre à mettre dans la boîte cherchée $23/20 C = 23/20 \times 36,179 = 41^{k}606$.

Les données de la table n° 2 comparées à ce poids, font immédiatement reconnaître que le côté de la boîte serait de 0^{m}358.

On voit par là qu'avec ces tables, les calculs à faire pour l'établissement des fougasses-pierriers ordinaires, quelles que fussent leurs charges, se réduiraient à peu de chose, et se feraient par suite très rapidement.

De la mise à feu.

Les moyens de mise à feu que l'on emploie ordinairement pour les fougasses-pierriers, consistent dans un saucisson avec auget et boute-feu, ou dans un cordeau porte-feu et boute-feu, ou dans l'électricité avec conducteurs métalliques armés d'une amorce.

Le saucisson est un boyau, en bonne toile bien serrée et bien cousue, de deux centimètres environ de diamètre, qui est rempli de poudre. Il s'étend dans un auget qui va de la charge jusqu'à l'endroit où l'on doit y mettre le feu ; il y est cloué, si l'on en a les moyens, de mètre en mètre, à l'aide de pointes de Paris en cuivre; il pénètre jusqu'au milieu de la boîte aux poudres, et y est retenu par une cheville en bois qui le traverse et s'appuie contre la paroi de cette dernière. A son autre extrémité, il s'ouvre sur une feuille de fort papier dans un petit tas de pulvérin, que l'on recouvre d'une deuxième feuille de papier, en la maintenant bien en place avec des morceaux de terre ou de pierre. Un morceau d'amadou est planté dans ce tas de pulvérin, traverse la feuille de papier supérieure, par une ouverture faite de manière à maintenir le pulvérin d'amorce bien couvert, et reçoit le feu par le contact d'un autre morceau d'amadou en ignition que l'on tient à la main. Ces dispositions pour enflammer le saucisson forment le boute-feu. Celui-ci peut être formé d'un bout de mèche lente ou de mèche Bickford, plongeant dans le saucisson, et d'un morceau d'amadou en feu ou d'une allumette chimique. Ces boute-feu ont l'inconvénient de n'être pas instantanés, et de ne pouvoir par suite faire partir la fougasse-pierrier au moment le plus avantageux. On pourrait, pour éviter cet inconvénient, mettre le feu directement au saucisson, à l'aide d'un bout de mèche à canon ou d'un morceau d'amadou, fixé par du fil de fer ou autrement à l'extrémité d'une longue perche.

L'auget est un tuyau carré de quatre centimètres de côté intérieur, fait de quatre planches minces qui en forment la semelle, les côtés et le couvercle. Les côtés sont placés entre la semelle et le couvercle, qui sont cloués contre eux, mais ce dernier seulement après le placement du saucisson.

Cet auget se place en terre, comme l'indique *nopq* ou *noprs* de la figure 9, selon que l'on a à craindre ou non les projectiles de l'ennemi. Dans le dernier cas, l'auget se met presque à fleur de terre, et se recouvre de gazons pour être à l'abri des accidents.

Pour le bien maintenir en place, on peut en clouer la semelle sur les têtes de quelques piquets que l'on plante de distance en distance, ou le placer entre deux rangées de piquets plus ou moins éloignés les uns des autres.

On le goudronne parfois à l'intérieur pour empêcher l'humidité du sol d'y pénétrer, et de détériorer le saucisson. Dans le même but de conservation, on enduit celui-ci de suif fondu ou de goudron, quand il doit être mis dans un sol fort humide ou lorsqu'il doit séjourner quelque temps sous terre avant de recevoir le feu.

Le cordeau porte-feu se place dans les mêmes positions que le saucisson, mais sans auget, et reçoit les mêmes boute-feux.

On le met double pour éviter autant que possible les ratés auxquels il expose, et l'on a soin de ne pas comprimer les gazons qui le recouvrent.

Comme il est beaucoup moins facile à fabriquer en campagne que le saucisson, nous n'en dirons rien de plus ici, attendu que ce qui précède suffit pour guider dans son emploi, si l'on en a à sa disposition.

L'emploi de l'électricité n'est pas non plus d'un facile usage en campagne; nous nous contenterons par suite de dire ici que les conducteurs métalliques peuvent se placer aussi de la même manière que le cordeau, et s'allonger sur terre jusqu'à l'endroit où l'on veut installer le générateur de l'électricité. Lorsqu'il paraîtra avantageux de faire à ce sujet usage de cette dernière, on pourra recourir aux instructions spéciales sur la matière.

Résultats du jeu des fougasses-pierriers. — Réparations à y faire.

Lorsque l'on met le feu à la charge d'une fougasse-pierrier, les projectiles sont lancés en gerbe à une hauteur plus ou moins grande, selon leur position dans la fougasse et l'inclinaison de l'axe de cette dernière, et retombent sur le sol dans un espace en éventail, qu'ils parsèment irrégulièrement, mais en plus grande quantité vers la trace du plan de tir qu'à son pourtour. Cet espace qui commence à l'excavation, a, pour les fougasses-pierriers ordinaires, sa longueur et sa plus grande largeur égales approximativement, la première, à une fois deux tiers, et la seconde, à une fois la portée moyenne. A une distance du tiers environ de cette portée moyenne au-delà de son extrémité se trouve la largeur précitée.

Comme les projectiles sont peu dangereux dans le premier tiers de la portée moyenne, à cause de la faible hauteur à laquelle ils sont lancés, on peut admettre que l'espace réellement dangereux a une longueur égale aux 4/3 de la portée moyenne, et sa plus petite largeur égale au quart environ de cette même portée.

Toutes ces données sont importantes à connaître pour déterminer le moment le plus convenable de la mise à feu. Elles montrent aussi la nécessité de ne faire usage que de grandes fougasses pour les grandes portées, afin de rendre les pierres assez nombreuses dans l'espace dangereux pour y produire l'effet voulu.

Elles ne s'appliquent qu'aux fougasses-pierriers ordinaires, mais elles peuvent servir de guide pour en recueillir d'analogues pour les autres fougasses-pierriers.

Dans le jeu des fougasses-pierriers, les pierres sont en partie réduites en menus morceaux, de sorte que, quand on les relève, on n'en trouve plus qu'un poids notablement inférieur à celui que l'on avait mis sur le plateau. Cette réduction de poids peut aller du dixième au tiers du poids total. Pour une même espèce de pierre, elle paraît être plus ou moins approximativement en raison directe des charges et en raison inverse des poids projetés.

L'explosion des charges dans les fougasses-pierriers bouleverse ordinairement les terres contiguës, produit des entonnoirs plus ou moins étendus, et détruit la partie postérieure des excavations jusqu'à une distance qui augmente avec les charges. Il résulte de là que ces excavations sont généralement mises hors de service. Pour qu'elles soient réparables, elles doivent se faire dans des terrains de forte consistance, appartenir à des fougasses-pierriers ordinaires, et ne subir que les effets de charges simples ou de sous-charges. Néanmoins pour les faire servir une seconde fois, on rencontre, dans la réparation, des difficultés qui rendent préférable souvent d'en faire de nouvelles, lorsque le terrain dont on dispose le permet.

Quand on aura reconnu la possibilité de réparer une fougasse-pierrier, on damera fortement les terres du fond de l'excavation, et l'on recouvrira leur surface inclinée à 45° d'un double lit de madriers jointifs, de 0^m05 d'épaisseur, et se croisant à angle droit. C'est sur ce nouveau plan incliné que reposera le coffre aux poudres, dont le centre devra se trouver à la même profondeur que pour la première explosion. On enveloppera ce coffre de terres fortement damées, de manière à rétablir dans sa position primitive le plan incliné à 45° sur lequel doit poser le plateau de projection.

En substituant au double lit de madriers une culasse de chêne ou d'orme de $0^{m}40$ d'épaisseur, on obtient le même résultat.

On devrait également rétablir le plan de tête et ceux des joues, en employant des fascines, des claies, des planches, etc., pour le revêtement des parties réparées, et en y damant fortement les terres.

La valeur qu'il conviendrait de donner dans ce cas au coëfficient m relatif à la consistance du sol serait de 23/20.

Il n'y aurait aucun avantage à réparer une seconde fois la fougasse, attendu qu'il faudrait au moins quatre heures pour le faire d'une manière imparfaite, c'est à dire, en y laisant la majeure partie des terres meurtries sans les damer.

Le rétablissement du plan du fond est ce qu'il y a de plus difficile et de plus long; il est cause que la réparation d'une fougasse-pierrier en remblai exige plus de temps que sa construction première.

Si l'on voulait qu'une deuxième explosion suivît de très près la première, on pourrait, sans passer par toutes ces opérations, placer au fond de l'entonnoir un coffre de 25 kilogrammes de poudre, le charger de bûches et y mettre le feu; mais on aurait dans ce cas un effet tout-à-fait incertain et de peu d'étendue, surtout si l'on n'avait plus de plateau de projection à sa disposition.

Des fougasses-pierriers ordinaires en remblai.

Il arrive parfois que l'on se trouve dans l'obligation d'établir une grande fougasse-pierrier en peu de temps ou dans un terrain de peu de profondeur; on a recours alors à la forme dite en remblai. Dans ce cas on place le centre des poudres à un mètre de profondeur seulement, et l'on donne au tracé de la fougasse, à la surface du sol supposée horizontale, la même figure que l'on obtient dans la fougasse-pierrier type, figures 3 et 4, par un plan sécant horizontal passant à un mètre au-dessus du centre des poudres, et qui a 4^m23 pour sa longueur, 2^m68 pour sa largeur maxima; 1^m23 pour sa largeur minima, et 0^m54 pour la distance horizontale entre le plan de tête au niveau du sol et le pied du plan de dessous. On conserve de la fougasse-type toute la partie qui est au-dessous du plan sécant précité, et l'on complète l'entonnoir en prolongeant, jusqu'à 1^m50 au-dessus du sol, les joues et le plan de tête, à l'aide de claies, de planches, ou de fascines, que l'on retient en place par des harts et de forts piquets; puis on remblaie derrière en damant bien les terres, que l'on prend dans l'excavation et dans un fossé tracé à 4 mètres de la verticale passant par le centre des poudres, et auxquelles on donne à peu près la forme d'une calotte sphérique. La forme de la fougasse-pierrier ainsi obtenue, est représentée par les figures 10 et 11.

Le remblai y a reçu, pour hauteur, 1^m50, c'est à dire à peu près le double de la différence qui existe entre la profondeur de la fougasse-pierrier ordinaire en déblai, et celle de la fougasse en remblai, afin de compenser ainsi la diminution de consistance des terres remblayées.

On peut employer simultanément vingt-cinq hommes à la construction de la fougasse en remblai. Cette construction ne dure par suite que trois heures, et même seulement deux heures et demie avec des hommes de choix.

Pendant que le tracé se fait, les hommes qui n'y participent pas, sont occupés à rassembler les claies et autres matériaux nécessaires, et à préparer les harts à employer pour amarrer les claies aux piquets de retraite.

Dès que le tracé est achevé, on répartit seize hommes sur l'emplacement du fossé, et les neuf autres sont employés à mettre les premières claies en place à 0^m05 en arrière du tracé, et à former l'excavation et le remblai. Ils piétinent bien ce dernier et mettent un soin particulier à bien serrer les terres autour des piquets de retraite. Quand le remblai est parvenu aux deux tiers de la hauteur des premières claies, ils posent les trois claies supérieures, en plaçant les pointes des piquets en bas. Les pointes des piquets des deux claies de tête s'engagent réciproquement dans leurs clayonnages.

Les deux claies supérieures des joues s'appliquent extérieurement contre les claies inférieures, l'une de leurs extrémités touchant la claie de tête, et l'autre s'appuyant sur le sol par la pointe du dernier piquet.

Le remblai s'étend à peu près sur les trois quarts de la longueur des joues ; il est limité pour le reste du pourtour par le fossé qui a fourni la majeure partie des terres. Sans s'astreindre à donner une forme parfaitement régulière au remblai, on doit toutefois distribuer les terres bien également et d'une manière symétrique pour ne pas nuire au jeu de la fougasse.

Le cube des déblais à faire est de vingt-neuf mètres deux cent nonante décimètres cubes, y compris celui de l'emplacement de la boîte aux poudres qui est de quarante-quatre décimètres cubes pour la charge simple.

Il faut pour l'exécution d'une fougasse-pierrier en remblai, savoir :

Un cordeau de 30 à 40 mètres, un mètre, une équerre, 50 piquets de 0^m30 à 0^m40 pour le tracé, 6 claies ordinaires, 7 piquets de 1^m50 à 1^m60, 2 de 1^m16 à 1^m30, 5 de 0^m80 à 1^m00 et 40 harts pour la pose des claies ; 3 masses en bois, un maillet, 19 pioches, 25 pelles et 2 louchets.

Les dispositions pour le plateau, pour le chargement, pour la charge, à volonté ou non, et pour la mise à feu, sont les mêmes que pour la fougasse-pierrier en déblai.

Les charges se calculent de la même manière; mais il importe, pour le succès, de bien déterminer le coëfficient *m* de la formule des charges, relatif à la résistance du terrain.

Si l'on voulait donner à la fougasse en remblai des dimensions moindres que celles dont il vient d'être question, on pourrait les déterminer d'après les données du type, figures 10 et 11, en supposant le centre des poudres placés, non plus à une profondeur d'un mètre, mais à une profondeur proportionnelle, de manière à obtenir des figures semblables pour le tracé de la surface du sol, et à permettre par suite de déterminer, à l'aide de proportions, les données nécessaires à l'exécution de la fougasse-pierrier à faire.

Dans ce cas, il est bon de connaître les diverses dimensions du type: celles de la surface ont été données plus haut, les autres sont: un mètre pour la profondeur du centre des poudres, 1^m23 pour celle de l'intersection du plan de fond et de celui de dessous, un mètre pour le côté du plan du fond, et 0^m71 pour la distance horizontale ou la distance verticale des deux limites horizontales de ce dernier plan.

Pour accélérer la construction de la fougasse en remblai, on peut diminuer encore la profondeur du centre des poudres et employer des panneaux en madriers pour les revêtements des joues et du massif de tête. On creuse d'abord, dans le terrain, la partie inférieure de l'entonnoir de manière que le haut du plateau soit au niveau du sol, puis on pose les panneaux et l'on met en place la charge, les moyens de mise à feu, le plateau et le chargement, pendant que l'on fait le remblai, en prenant les terres nécessaires dans un fossé circulaire contigu.

Avec ce système on peut, comme dans le cas des fougasses-pierriers ordinaires en déblai, faire des fougasses-pierriers de toute grandeur, en rendant toutes ces fougasses semblables.

On pourrait adopter les mêmes dispositions avec les autres revêtements dont il a été question plus haut; et l'on n'aurait alors qu'un seul type pour les fougasses-pierriers en remblai : ce qui serait très avantageux pour la pratique. Dans ce cas, le coëfficient *m* de la formule des charges, et relatif à la consistance du sol, varierait peu, et pourrait recevoir chaque fois 23/20 pour valeur.

Des fougasses-pierriers dites rases.

La fougasse-rase, figures 12 et 13, est une fougasse-pierrier en déblai qui a son axe, c'est à dire, sa ligne de tir, incliné de 56°, 22 minutes à l'horizon ; dont le plan de tête et celui de dessous forment avec cet axe, le premier, un angle de 15 degrés 8 minutes, le second, un angle de 11 degrés 22 minutes ; dont les plans des joues passent par les limites latérales du plan d'appui du plateau et ont une inclinaison de 6/1 ; et enfin qui ne laisse à la surface du sol aucun indice de son existence D'après ces données la ligne de tir a l'inclinaison de 3/2, le plan de fond ou d'appui du plateau celle de 2/3, avec l'horizon, le plan de tête celle de 3/1 en surplomb, et le plan de dessous celle de 1/1 ou de 45°. On donne d'habitude à ce dernier la même inclinaison sur l'axe qu'au plan de tête, et l'on a, dans ce cas, 41° 14' pour l'angle qu'il fait avec l'horizon, mais on n'a pas alors de donnée convenable pour déterminer, dans l'exécution du déblai, l'inclinaison du plan de dessous. La donnée que nous proposons, vaut mieux sous ce rapport, puisqu'elle permet d'exprimer la pente du plan de dessous par le rapport de 1/1; elle vaut mieux encore, parce qu'elle diminue sans inconvénient le cube du déblai à faire; elle vaut mieux enfin au point de vue du jeu de la fougasse, parce qu'elle diminue d'une manière sensible et dans une limite avantageuse, d'après ce que nous avons reconnu, l'excédant de résistance que le plateau éprouve vers le bas, et qui lui imprime un mouvement nuisible de rotation plus ou moins étendu autour de son arète inférieure. Sans ce mouvement on pourrait ici faire avec avantage le plan de dessous presque parallèle à l'axe de la fougasse; tandis qu'avec lui on doit faire diverger un peu ce plan pour éviter l'augmentation de frottement qu'il ferait subir au chargement dans le cas du parallélisme. On peut remarquer aussi que l'on a relevé l'axe de la fougasse-rase par rapport à celui de la fougasse-pierrier ordinaire dans le but évident de diminuer l'excédant de résistance dont il vient d'être question.

Les projectiles qui forment le chargement de la fougasse-rase, n'en remplissent pas entièrement l'entonnoir, mais on achève de combler ce dernier avec des terres provenant du déblai, et que l'on met au-dessus des projectiles, sans les damer. Quant aux terres restantes, on les éparpille dans les environs de manière à ne pas révéler l'existence de la fougasse faite.

La plus grande fougasse de cette espèce, figures 12 et 13, qui sert de type, a un chargement de deux mètres quatre cents décimètres cubes, un plateau d'un mètre de côté, une profondeur de 2 mètres, et une charge de 25 kilogrammes. En adoptant 25k540, au lieu de cette dernière, on aura même charge limite que pour les fougasses-pierriers ordinaires. Il y a un autre motif qui milite en faveur de la charge de 25k540, c'est que celle-ci correspond à la ligne de moindre résistance de 2m60, en jouant en fourneau ordinaire; que la profondeur de 2 mètres à laquelle on la place dans cette fougasse, forme précisément les 10/13 de la ligne de moindre résistance précitée, et que cette relation rend facile la détermination des profondeurs des autres fougasses-rases semblables. En effet, pour l'une quelconque de ces dernières la charge étant connue, on trouvera dans la table n° 1, à l'aide des colonnes 1 et 4, la ligne de moindre résistance du fourneau ordinaire correspondant, et en en prenant les 10/13 on aura la profondeur de cette fougasse. Cette profondeur étant déterminée, on s'en servira pour trouver les autres dimensions nécessaires, en procédant par les proportions, comme on l'a fait pour les fougasses-pierriers ordinaires en déblai.

On recommande de donner au chargement moins d'épaisseur vers le bas que vers le haut, pour obtenir une meilleure répartition de la résistance à l'expansion des gaz, c'est à dire au mouvement du plateau. Cette recommandation n'a pas grande importance sous ce rapport, attendu que les terres remblayées ont, sous même volume, un poids peu différent de celui du chargement lui-même; mais elle en a une qui consiste en ce que l'on place ainsi les pierres de manière à leur assurer une plus grande hauteur de projection. Au point de vue de la meilleure répartition de la résistance, on peut placer utilement les pierres les plus grosses et les plus pesantes vers le haut de la masse à projeter. On ne peut toutefois obtenir du succès avec les fougasses-rases que dans un terrain de forte consistance, attendu que, sans cela, les gaz de la charge rencontreraient moins de résistance suivant la verticale que suivant la ligne de tir.

Les dispositions pour le plateau, pour la charge, à volonté ou non, et pour la mise à feu sont les mêmes que pour les fougasses-pierriers déjà décrites.

Le cube à déblayer pour la plus grande fougasse-rase est de cinq mètres trois cent dix décimètres cubes, non compris le logement de la charge qui est de $0^{m3}044$.

Pour tracer ce déblai il faut un cordeau à tracer, un mètre, une équerre, un maillet, et neuf piquets de $0^{m}30$ à $0^{m}40$.

Pour l'exécuter il faut 4 hommes, avec 4 pelles et 4 pioches, non compris les hommes et les outils nécessaires au rassemblement des projectiles et à l'éparpillement des terres excédantes. Dans ces conditions le déblai dure 8 heures.

On fait des fougasses de cette espèce dans les terre-pleins des ouvrages à défendre, afin de ne pas entraver la circulation intérieure; mais comme on foule alors au pied les terres remblayées au-dessus des projectiles, on a soin de piocher les terres comprimées, au moment de faire usage de la fougasse, et même de les enlever, tout au moins en partie, pour mieux en assurer l'effet.

Les charges des fougasses-rases ne peuvent se calculer par les mêmes formules que celles des fougasses ordinaires, par suite des grandes différences qui existent dans les dispositions des terres contiguës, dans les lignes de tir, et dans les chargements. Ces derniers, dans les fougasses-rases, comprennent, comme résistance, non seulement les projectiles, mais encore les terres que l'on met par dessus.

D'après Laisné, *aide-mémoire de l'officier du Génie*, en représentant par C la charge de poudre et par V le volume des projectiles à lancer, on calcule les charges des fougasses-rases par la formule $C = 1 + 10\ V$.

Cette formule a les mêmes défauts que celle que donne le même auteur pour calculer les charges des fougasses-pierriers ordinaires, et que nous avons examinée en traitant de ces dernières.

On peut en déterminer une plus convenable en suivant le procédé que nous avons indiqué précédemment.

En attendant on peut calculer les charges à l'aide des indications du type, figures 12 et 13, et l'on obtient ainsi des charges en harmonie avec les profondeurs des centres des poudres ; ces charges sont par suite plus logiques que celles que donne la formule citée plus haut, bien qu'il y ait peu de différence entre elles.

Elles lancent les projectiles fort haut, mais à une assez faible distance horizontale, sauf pour la partie supérieure de ceux qui sont au-dessus de l'axe de la fougasse. Les projectiles de cette partie reçoivent une impulsion plus grande que les autres par suite du mouvement de rotation que subit nécessairement le plateau autour de son arête inférieure, parce que celle-ci est ralentie dans son mouvement de translation par la forme du chargement et par son frottement sur les parois de l'excavation.

Elles lancent aussi des terres en arrière et sur les côtés, ainsi que quelques projectiles, surtout lorsque la consistance du sol n'est pas très grande.

« Il résulte d'expériences récentes, dit Laisné, « que pour éviter une trop grande projection de « pierres en arrière d'une fougasse, il suffit de re- « culer la boîte aux poudres à une distance con- « venable du fond de cette fougasse. »

Le même auteur donne à ce sujet une règle qui revient à dire à peu de chose près que, dans les terrains les moins favorables, on doit éloigner, du fond de la fougasse, c'est à dire du plateau, la boîte aux poudres, supposée cubique, d'une quantité égale à deux fois son côté.

« On augmente ainsi, dit-il encore, la ligne de « moindre résistance sans diminuer la projection « en avant. »

Cette dernière donnée est une erreur, que l'on reconnaîtra facilement en lisant ce que nous avons dit, dans un paragraphe antérieur, des vides sous les plateaux et dans les mines.

On y verra qu'il y a, dans le vide produit par l'enfoncement de la charge, une cause de diminution de portée. Il y a une seconde cause de diminution dans l'intervalle que l'on met entre la charge et le plateau, quand même on n'y laisserait pas de vide. On reconnaît l'existence de cette dernière cause de diminution de portée, par la comparaison des portions des sphéroïdes formés par les gaz de la charge qui agissent sur les plateaux.

Terminons la question des fougasses-rases, en faisant remarquer que l'on modifierait probablement fort peu les portées moyennes des projectiles renfermés dans les limites des chargements précédents, en remplaçant judicieusement et en partie, par des projectiles, les terres remblayées dans les excavations, parce que l'on mettrait ainsi peu de différence dans les poids des chargements.

Des fougasses-pierriers à feux rasants.

Les fougasses-pierriers à feux rasants sont ainsi appelées parce que, employées principalement au flanquement des fossés, elles sont disposées de manière à projeter leurs pierres à de faibles hauteurs pour ne pas en lancer dans les ouvrages correspondants. On les établit ordinairement dans les talus de contrescarpe, en regard des points à battre, d'après les données suivantes que l'on trouve dans les ouvrages militaires.

L'axe n'en est incliné que de 20 à 25 degrés à l'horizon, le plan vertical qui le contient, c'est-à-dire le plan de tir, fait avec le pied de l'escarpe un angle d'au moins 9° 31' 16" dont la tangente est de 1/6, et le plateau est placé de manière à se trouver tout entier en avant, mais près du prolongement de cette ligne. Ces dispositions ont pour but d'empêcher les pierres de tomber dans l'ouvrage flanqué, et de les projeter dans le fossé, sur le sommet et en avant de la contrescarpe. En vue du même résultat, les fougasses reçoivent un masque en gazons et très peu d'ouverture du côté qu'il faut garantir de pierres, tandis que sa joue opposée fait uu angle de 45° avec la ligne de tir.

Le plan de tête, en surplomb avec une inclinaison de 2/1, doit être taillé avec le plus grand soin.

Les talus des joues sont inclinés à 6/1.

La joue intérieure est presque entièrement en remblai. Elle est formée d'un massif de gazons et terres dont la hauteur est au moins égale à celle de la charge de pierres, a $1^{m}50$ dans la partie appuyée à la contrescarpe, et $0^{m}50$ à l'autre extrémité. Ce massif a $0^{m}60$ d'épaisseur au sommet de la partie la plus élevée, et $0^{m}30$ à la partie la plus basse. Il est soutenu extérieurement par un talus à terres roulantes.

On ne prépare la chambre aux poudres qu'au moment où l'on veut charger la fougasse.

Le plateau doit reposer sur un plan taillé dans la terre vierge.

Le volume du déblai sera variable et dépendra de l'angle que fera la direction du tir avec la contrescarpe dans laquelle sera pratiquée la fougasse. Quand il est insuffisant avec le revêtement en gazons pour compenser le remblai à faire au masque, on complète ce dernier avec des terres, que l'on obtient en pelant le fond du fossé, dans la partie contiguë, sur un espace convenable.

L'exécution d'une fougasse rasante exige beaucoup de sujétion. On ne peut y employer que quatre hommes à la fois, deux à l'excavation et deux à couper les gazons et à monter le massif.

Ces quatre hommes emploient neuf heures pour l'exécution de la fougasse. Ils sont munis des mêmes objets que pour les autres fougasses.

L'appareil pour la mise de feu ne diffère point de celui qui a été indiqué. Le cordeau porte-feu, ou le saucisson qui doit servir à la transmission du feu, passera sous le plateau, sera étendu dans une rigole de $0^{m}30$ de profondeur, creusée dans le fossé, et prolongée jusqu'au point de la gorge de l'ouvrage d'où le feu devra partir.

Le plateau est carré; il a $1^{m}00$ de côté sur $0^{m}15$ d'épaisseur.

Le choix des pierres exige les mêmes attentions que pour les autres fougasses; leur arrangement doit se faire avec le même soin.

Le volume de la charge de pierres sera de $3^{m}00$, et sera limité extérieurement par une surface cylindrique, dont l'axe, horizontal, passera par le centre des poudres, et dont la section, circulaire, aura $1^{m}50$ de rayon.

La charge de poudre, calculée à l'aide de la formule

$$C = 1 + 6,66\ V,$$

sera de 21 kilog.

Telles sont les données ordinaires que l'on trouve dans les auteurs sur l'établissement des fougasses-pierriers à feux rasants. Ces données laissent beaucoup à désirer sous plusieurs rapports. D'abord, elles sont incomplètes, puisqu'elles ne disent rien de l'inclinaison des talus dans lesquels s'établissent les fougasses, ni de celle des plans de dessous, ni de la longueur des masques de terre et gazons placés du côté des escarpes. En outre, elles sont peu pratiques, attendu qu'elles exigent des calculs, très longs et non méthodiques, pour leur mise en usage, et qu'elles ne permettent pas d'établir un type unique et d'une facile exécution, pourtant indispensable pour une application rapide. La variation d'inclinaison entre 20 et 25 degrés pour l'axe, n'est pas praticable à la guerre ; à ce point de vue, il y a nécessité d'adopter une inclinaison unique et propre à rendre le plan du fond d'une exécution facile. C'est ce que nous avons fait en adoptant, dans le type que nous proposons sous les figures 14 et 15, l'inclinaison de 21 degrés 46 minutes, dont la tangente est 2/5. Cette inclinaison donne au plan du fond celle de 5/2, d'une application facile, et se trouve comprise dans les limites adoptées par la pratique. En l'augmentant, on s'expose davantage à jeter des projectiles dans l'ouvrage flanqué, et cela sans bénéfice sérieux, puisque l'on peut obtenir la petite augmentation de portée qui en résulte, par une faible majoration de charge. On peut donner au plan de dessous l'inclinaison que l'on obtient en majorant d'une unité le dénominateur de la fraction qui exprime celle de l'axe. Cette inclinaison convient au jeu de ces fougasses-pierriers comme à leur construction, puisqu'elle rend un peu supérieure à 90 degrés l'angle formé par le plateau et le plan de dessous, et qu'elle donne 1/3 pour l'inclinaison de ce dernier.

L'angle de 45 degrés, que la joue extérieure forme avec l'axe, d'après les données précédentes, est trop grand, puisqu'il en résultera presque toujours qu'une bonne partie des pierres placées dans le voisinage de cette joue, seront arrêtées dans leur mouvement par la contrescarpe de la face flanquée; de plus, cet angle et l'inclinaison de 6/1 pour le talus de la joue en question, obligent à former celle-ci de deux plans, dont la disposition est défavorable au jeu et à la construction des fougasses de l'espèce. Par suite, nous pensons qu'il est beaucoup préférable de former cette joue d'un plan unique à l'inclinaison de 5/1, et passant par le côté correspondant du plan du fond, comme nous l'avons fait dans le type proposé ; et d'augmenter de $0^{m}10$ le rayon de la surface cylindrique limite du chargement, pour ne pas diminuer le volume de ce dernier.

La longueur du massif de masque n'est pas déterminée; il convient qu'elle le soit méthodiquement, non seulement pour la facilité de l'établissement des fougasses, mais encore pour la régularité de leur jeu ; nous pensons que les données du type proposé seront satisfaisantes sous ce double rapport. Pour compléter les terres nécessaires à ce massif, on pelle d'ordinaire le fond du fossé sur une certaine longueur, mais il vaut beaucoup mieux l'approfondir à cet effet tout le long du pied du massif en question, jusqu'à l'escarpe, tant pour empêcher les terres refoulées de diminuer la hauteur de cette dernière, que pour accélérer le travail de construction. Nous n'avons pas indiqué cet approfondissement dans les figures 14 et 15, parce qu'il y a compensation entre les déblais et les remblais, par suite des dimensions adoptées, des gazons employés au revêtement et du foisonnement supposé.

Comme le talus de contrescarpe est généralement plus raide que 45 degrés, nous avons supposé, pour le type, que le plan de tir y fait, par suite de son obliquité, une section dont la ligne inclinée forme l'angle de 45 degrés avec l'horizon, parce que, dans la pratique, on se rapprochera généralement de cet angle. Du reste, quelle que soit cette inclinaison, elle n'entravera ni l'application du type, ni la rapidité d'exécution, parce que presque toutes les données de ce type en sont indépendantes, et qu'elles permettent, quel que soit le talus, d'y creuser le profil, figure 15, destiné à guider dans l'exécution du reste de la fougasse, et à conduire à la détermination de la longueur et de la position du sommet du plan de tête, sommet dont on peut se dispenser par suite de calculer les éléments au préalable, bien qu'ils dépendent de l'inclinaison du talus correspondant, et cela est important au point de vue de la pratique. On voit en effet, par les figures 14 et 15, qu'il est facile de déterminer sur le terrain les points *aa'* et *bb'*, qui sont les repères pour l'exécution, et dont le premier seul appartient toujours au talus.

L'épaisseur du plateau doit varier avec la

charge; elle peut se déterminer judicieusement à l'aide de la formule que nous avons donnée précédemment à ce sujet.

La formule rapportée plus haut pour la détermination des charges, est la même que celle que nous avons examinée déjà pour les fougasses ordinaires. Elle a pour ce cas-ci les mêmes défauts que pour ces dernières. On devrait établir, pour la détermination des charges des fougasses à feux rasants, une formule d'après la méthode que nous avons exposée dans cette étude, pour en avoir une convenable. En attendant, on peut faire les charges proportionnelles aux volumes à projeter, en regardant toutes les fougasses comme géométriquement semblables, conformément aux données de notre type, et en adoptant sous ce rapport les mêmes charges que les charges simples des fougasses ordinaires. Dans ce cas, la charge de comparaison correspondant au chargement du type, serait de 21k283.

La difficulté d'établir les entonnoirs des fougasses-pierriers à feux rasants, pourrait faire recourir avec quelque utilité à l'usage de tonneaux, comme autrefois, ou à l'emploi de rameaux hollandais, pour former ces entonnoirs. La méthode des rameaux, que l'on nomme méthode prussienne, est, comme on le voit, une réminiscence de l'ancienne méthode des tonneaux.

Ces formes d'entonnoir ont l'inconvénient de trop rassembler les pierres le long de la trace du plan du tir et ne sont par suite bonnes à l'employer que dans les cas où cette disposition de l'éparpillement peut être utile. Elles diminuent en outre les volumes projetés.

Observations sur les formes multipliées que l'on trouve dans les auteurs pour les fougasses-pierriers. — Guide-taluteur.

Dans ce qui précède, nous avons décrit les formes consacrées par l'expérience, en y faisant ou y indiquant des modifications de détail, dans le but de les améliorer, d'en harmoniser toutes les parties, de les rendre peu nombreuses et méthodiques, afin d'en faciliter l'usage.

Les formes des fougasses-pierriers doivent remplir les conditions suivantes :

1° Elles doivent être simples, pour pouvoir être exécutées par des soldats peu ou pas exercés, et dans un temps très court;

2° Elles doivent être peu nombreuses et méthodiques, pour ne pas exiger des études étendues ni de grands efforts de mémoire de la part des officiers et des sous-officiers chargés d'en diriger l'exécution;

3° Elles doivent être disposées de manière à produire un bon éparpillement des projectiles, afin d'en assurer les effets;

4° Elles doivent enfin, quoique peu nombreuses, permettre de satisfaire à toutes les nécessités de la pratique.

Les formes adoptées dans ce travail remplissent, d'une manière satisfaisante, ces diverses conditions.

Elles sont limitées, dans leurs parties principales, chacune par cinq plans, dont l'agencement ne laisse rien à désirer par sa simplicité, et qui ont des inclinaisons exprimées par 1/1, 2/1, 3/1, 5/1, 6/1, 1/2, 3/2, 5/2, 1/3, 2/3 et 2/5, c'est à dire par les quantités les plus favorables à la détermination, à l'exécution et à la vérification des talus à faire. Ces inclinaisons sont telles que l'on peut facilement les représenter toutes par l'instrument simple que nous allons indiquer, instrument que l'on pourrait par suite employer avec avantage pour se guider dans l'exécution des fougasses-pierriers, et qu'il conviendrait en conséquence de désigner sous le nom de guide-taluteur. *ab*, figure 16, est une tringle, le long de laquelle glisse le manchon *c* d'une deuxième tringle *cd*; celle-ci porte un appendice en *d*, qui glisse dans une rainure d'une troisième tringle *ad*, assemblée à charnière en *a* avec la première. Cet appendice peut être remplacé par une cheville, que l'on ôte à volonté pour faciliter le mouvement de la tringle oblique *ad*.

Le manchon *c* porte une vis de pression pour arrêter son glissement à volonté en un point quelconque de la tringle *ab*. Cette dernière porte à ses deux bouts deux petites branches *ae* et *bf*, disposées pour y accrocher un fil à plomb *fg*, destiné à indiquer la verticalité de *ab*. La branche *ae* est prolongée suivant *emn*, pour fournir la poignée *mn*, nécessaire au maniement de l'instrument. Lorsque *cd* est dans sa position la plus éloignée de *a*, la partie *ac* de la tringle *ab* égale six fois *cd*, et la tringle *ad* marque l'inclinaison 6/1. En rapprochant *cd* de *a*, on peut donner à *ad* toutes les inclinaisons inférieures à 6/1 ; la figure 16 indique les deux positions extrêmes de cette tringle.

On voit qu'il suffit de graduer convenablement *ab* pour déterminer les points d'arrêt du manchon *c*, qui donnent à *ad* les inclinaisons indiquées plus haut. On voit en outre par la même figure que, si l'on veut obtenir les mêmes inclinaisons en surplomb, il suffit de renverser l'instrument et de placer l'attache du fil-à-plomb en *e*.

Il résulte de ce qui précède que les formes adoptées pour les fougasses-pierriers sont faciles à exécuter avec ou sans l'instrument qui vient d'être décrit et que, par suite, elles remplissent la première condition ci-dessus d'une manière avantageuse.

Elles satisfont également à la deuxième, car elles sont peu nombreuses et méthodiques, puisqu'elles ne comprennent que quatre types différents, et qu'elles exigent le même procédé pour fournir, à l'aide de ces derniers, toutes les grandeurs d'excavation à mettre à profit pour chacun.

Quant à la troisième condition, elles la remplissent aussi d'une manière assez satisfaisante, puisqu'elles ne lancent les projectiles trop serrés nulle part, et qu'elles conduisent à de bonnes largeurs pour les espaces atteints. Il serait à désirer toutefois, que les projectiles fussent plus resserrés dans le sens de la longueur, pour les fougasses-pierriers ordinaires surtout; celles-ci pourraient, à ce point de vue, subir dans leurs excavations une petite modification assez avantageuse. En effet, si l'on veut bien se rendre compte des résistances qui s'opposent au mouvement du plateau, on reconnaîtra que le frottement du chargement sur les parois de la fougasse, et spécialement sur le plan de dessous, doit augmenter d'une manière notable la résistance que le poids à projeter fait éprouver à la partie inférieure du plateau. Il résulte de là et de la forme du chargement, que le plateau rencontre une plus grande résistance en bas qu'en haut, et qu'il a par suite un mouvement de rotation qui tend à augmenter le frottement mentionné ci-dessus et à diminuer la projection des pierres inférieures. Ces dernières sont en conséquence projetées en partie à de trop faibles distances, comme on peut le remarquer dans le jeu des fougasses-pierriers, pour l'être d'une manière utile. Ce serait donc faire chose avantageuse au point de vue de la projection, que de diminuer la résistance que le plateau rencontre à sa partie inférieure. On pourrait atteindre ce but en relevant plus ou moins le plan de dessous, mais on ferait bien de s'arrêter à l'inclinaison de 1/2, pour la facilité de la construction.

Il nous reste à faire voir que les formes adoptées dans ce travail pour les fougasses-pierriers, remplissent convenablement aussi la quatrième et dernière condition énoncée plus haut.

Ces formes comprennent :

1° Une forme en déblai, dite ordinaire, à laquelle on a recours, quand on peut y consacrer beaucoup de temps et que l'on dispose d'un terrain profond;

2° Une forme en remblai, dite ordinaire également, que l'on emploie pour un terrain peu profond, ou lorqu'on est pressé par le temps;

3° Une forme en déblai, dite rase, que l'on met à contribution pour l'établissement des fougasses qu'il convient de soustraire à la connaissance de l'ennemi jusqu'au moment de leur explosion;

4° Enfin, une forme pour des fougasses à feux rasants destinées à flanquer des ouvrages de campagne sans en exposer les défenseurs.

Comme ces quatre formes permettent d'employer au besoin des charges à volonté, et de faire varier les portées dans des limites étendues, elles donnent les moyens de satisfaire à toutes les nécessités importantes de la pratique. Elles remplissent en conséquence la quatrième et dernière condition qui a été mentionnée ci-dessus.

Bien qu'elles soient satisfaisantes au point de vue des quatre conditions dont il vient d'être question, elles peuvent néanmoins être susceptibles d'améliorations, comme nous l'avons du reste fait voir pour la fougasse-pierrier ordinaire; mais on reconnaîtra facilement qu'on ne peut les améliorer avantageusement qu'en le faisant sans déroger aux conditions ci-dessus, que la pratique impose d'une manière rigoureuse. Ainsi les auteurs militaires, en multipliant les formes qui s'écartent de ces conditions et en faisant varier à l'infini les inclinaisons de la ligne du tir, loin d'améliorer la question des fougasses-pierriers, ne font-ils qu'en compliquer l'usage. Aussi pensons-nous ne pouvoir mieux terminer ce travail qu'en mettant le lecteur en garde contre cette variété de formes que l'on trouve dans les ouvrages didactiques.

FIN.

TABLE DES MATIÈRES.

Pl.1.

Figure 1.
Figure 2.
Ech. de 0.01 par M.
Brulon. Fougasses - Pierriers
Bouquerdr

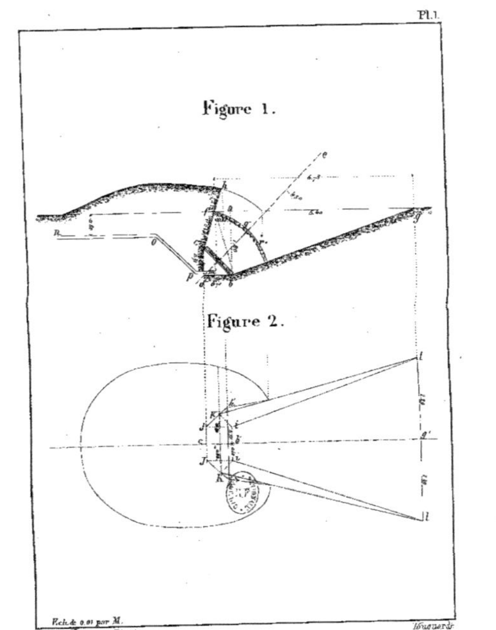

Pl. 2

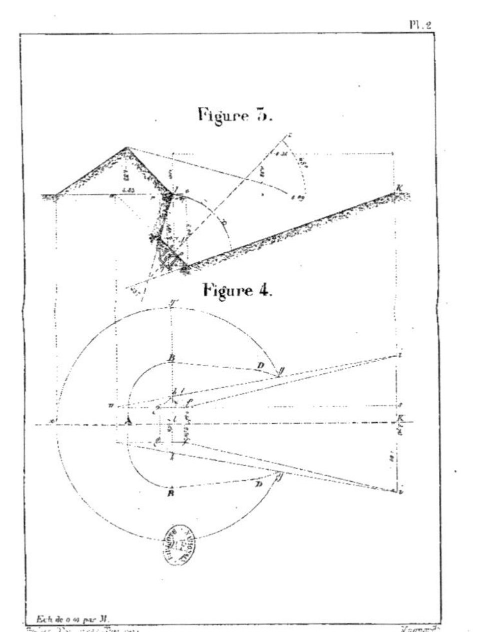

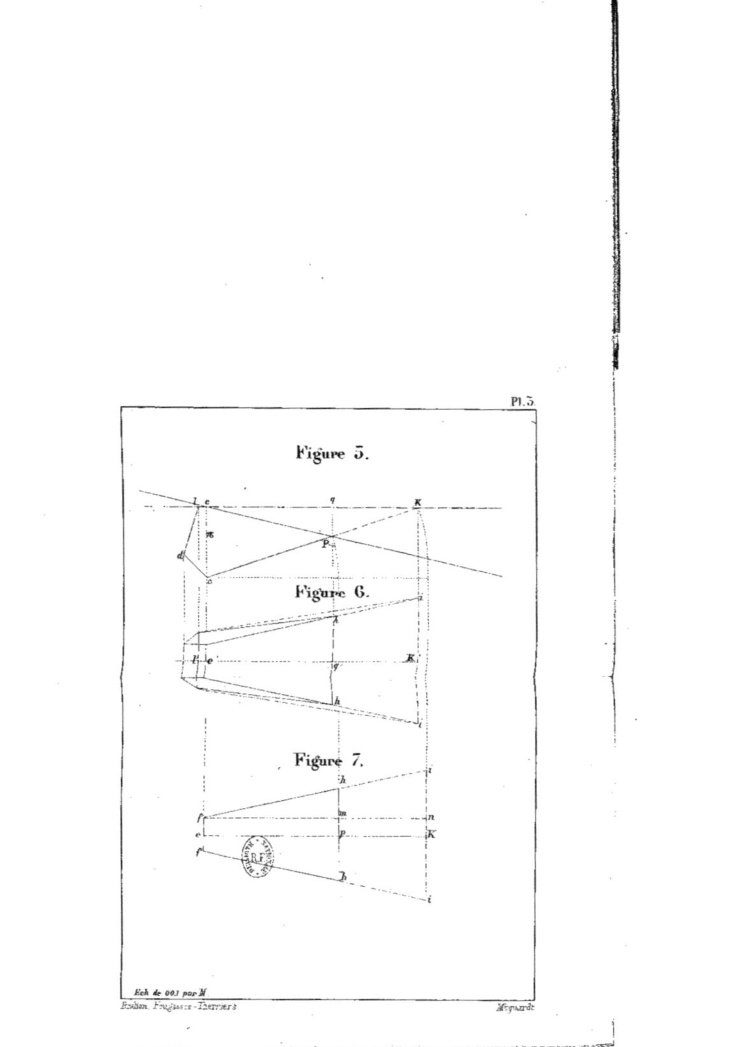
Pl. 5
Figure 5.
l
e
q
K
π
P
d
Figure 6.
l
e
q
K
h
i
Figure 7.
h
i
m
n
p
K
f
e
h
i
Ech de 003 par M

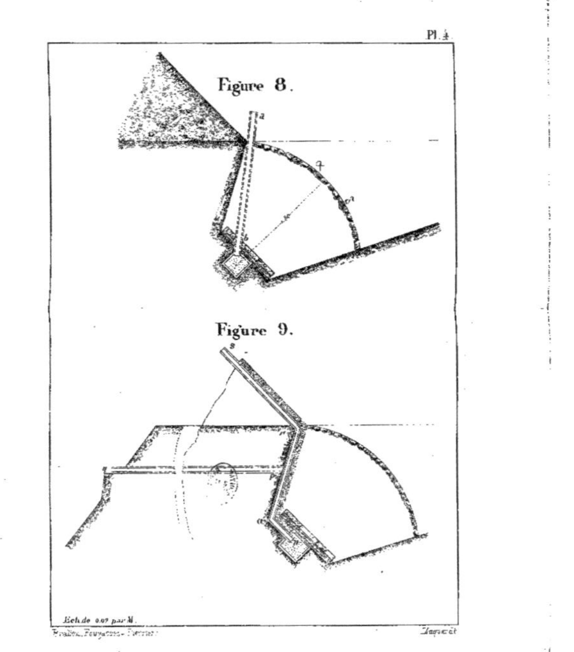
Pl. 4
Figure 8.
a
Figure 9.
Ech. de 0,07 par M.

Pl. 3.

Figure 10.

Figure 11.

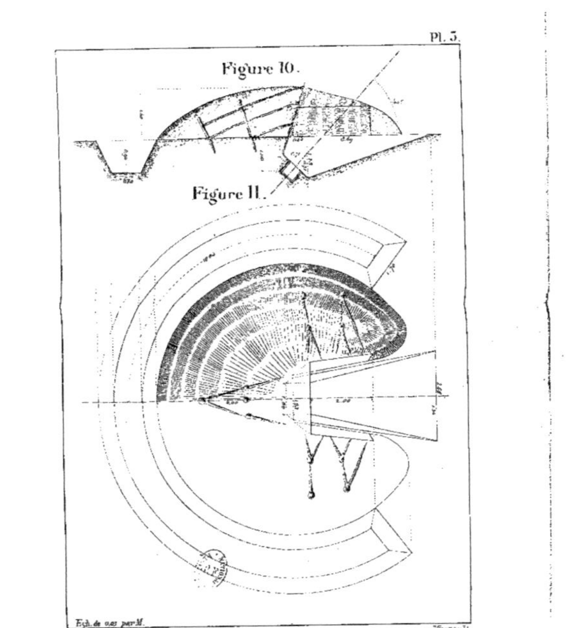

Pl. 6.

Figure 12.
Terre remblayée.
limite des projectiles
Figure 13.
Ech. de 0.02 par M.

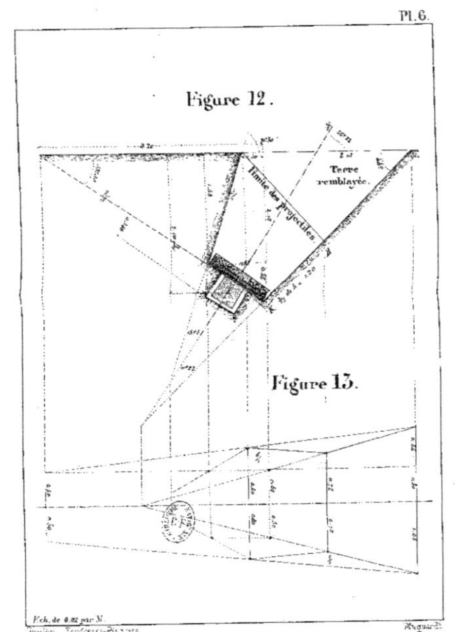

Pl. 7

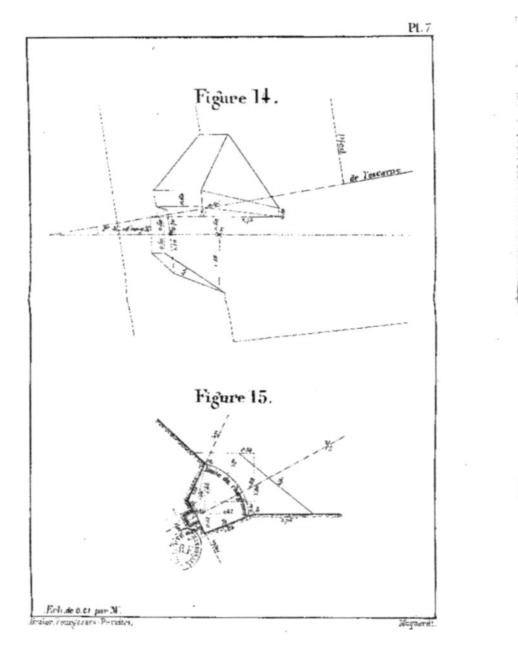

Pl. 8

GUIDE - TALUTEUR

Figure 16.

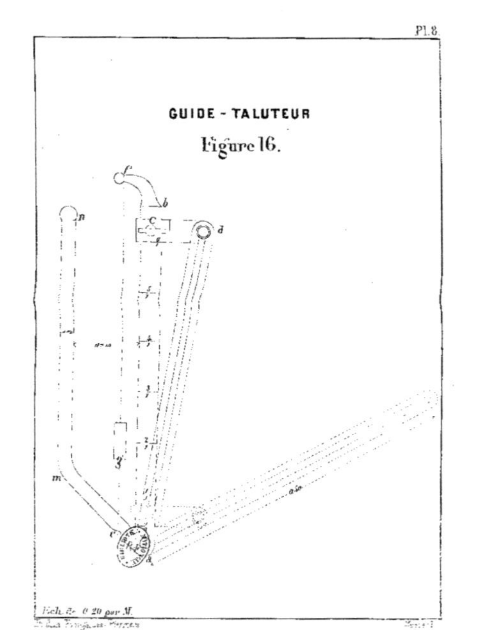

Ech. de 0.20 par M.

www.ingramcontent.com/pod-product-compliance
Ingram Content Group UK Ltd.
Pitfield, Milton Keynes, MK11 3LW, UK
UKHW021107220726
13924UKWH00004B/1568

9 782019 957551